ISW Forschung und Praxis

Berichte aus dem Institut für Steuerungstechnik der Werkzeugmaschinen und Fertigungseinrichtungen der Universität Stuttgart

Herausgeber: Prof. Dr.-Ing. G. Pritschow

Band 64

Eberhard Wagner

Steuerung von Koordinaten-meßgeräten mit schlatenden und messenden Tastsystemen

Springer-Verlag Berlin Heidelberg GmbH 1987

D 93

Mit 65 Abbildungen

ISBN 978-3-540-17726-5 ISBN 978-3-662-10056-1 (eBook)
DOI 10.1007/978-3-662-10056-1

Ursprünglich erschienen bei Springer-Verlag Berlin Heidelberg New York 1987

2362/3020-543210

Geleitwort des Herausgebers

In der Reihe „ISW Forschung und Praxis“ wird fortlaufend über Forschungsergebnisse des Instituts für Steuerungstechnik der Werkzeugmaschinen und Fertigungseinrichtungen der Universität Stuttgart (ISW) berichtet, das sich in vielfältiger Form mit der Weiterentwicklung des Systems Werkzeugmaschine und anderer Fertigungseinrichtungen beschäftigt. Die Arbeiten dieses Instituts konzentrieren sich im besonderen auf die Bereiche Numerische Steuerungen, Prozeßrechnereinsatz in der Fertigung, Industrierobotertechnik sowie Meß-, Regel- und Antriebssysteme, also auf die aktuellsten Bereiche der Fertigungstechnik. Dabei stehen Grundlagenforschung und anwenderorientierte Entwicklung in einem stetigen Austausch, wodurch ein ständiger Technologietransfer zur Praxis sichergestellt wird.

Die Buchreihe erscheint in zwangloser Folge und stützt sich auf Berichte über abgeschlossene Forschungsarbeiten und Dissertationen. Sie soll dem Ingenieur bei der Weiterbildung dienen und ihm Hilfestellungen zur Lösung spezifischer Probleme geben. Für den Studierenden bietet sie eine Möglichkeit zur Wissensvertiefung. Sie bleibt damit unter erweitertem Namen und neuer Herausgeberschaft unverändert in der bewährten Konzeption, die ihr der Gründer des ISW, der leider allzu früh verstorbene Prof. Dr.-Ing. G. Stute, im Jahre 1972 gegeben hat.

Der Herausgeber dankt der Druckerei für die drucktechnische Betreuung und dem Springer Verlag für Aufnahme der Reihe in sein Lieferprogramm.

G. Pritschow

Vorwort

Die vorliegende Arbeit entstand während meiner Tätigkeit als wissenschaftlicher Mitarbeiter am Institut für Steuerungstechnik der Werkzeugmaschinen und Fertigungseinrichtungen der Universität Stuttgart.

Dem Institutsleiter, Herrn Prof. Dr.-Ing. G. Pritschow danke ich für die wohlwollende Unterstützung und die Anregungen während des Entstehens der Arbeit. Mein herzlicher Dank gilt auch Herrn Prof. Dr.-Ing. A. Storr für die stetige Förderung und die eingehende Durchsicht dieser Arbeit.

Herrn Prof. DTech. h.c. Dipl.-Ing. K. Tuffentsammer danke ich für die Erstellung des Mitberichtes.

Ferner gilt mein Dank allen Mitarbeitern und Studenten des Institutes, die durch kritische Hinweise und durch Diskussionen zum Gelingen meiner Arbeit beigetragen haben. Insbesondere bedanke ich mich hierfür bei den Herren Dipl.-Ing. B. Walker, Dipl.-Ing. R. Viefhaus, Dipl.-Ing. H. Edenhofer und Dipl.-Ing. Lei Wei Tai.

Eberhard Wagner

Inhaltsverzeichnis Seite

Formelzeichen und Abkürzungen

Formelzeichen

a	Beschleunigung
a_n, b_n, c_n	Polynomkoeffizienten mit dem Index n
$\mathbf{A}$, $\mathbf{B}$	Spaltenvektoren der Polynomkoeffizienten
A, A^*	Konstanten
b	Bogenlänge
B	Konstante
c	Koordinatenwert der Drehachse C
c_F	normierte Federkonstante
C	Drehachse in der x/y-Ebene
C_F	Federkonstante
C_I	Konstante des Kraftgenerators
C_v	Dämpfungskonstante
D	Dämpfungskonstante
e_s	Sehnenfehler
$\mathbf{E}$, e_i	Vektor, Komponenten aus der Abtastzeit
f	normierte Kraft, Frequenz
$f(x,y)$	Funktion von x, y
f_g	Grenzfrequenz
f_I	normierte Magnetkraft
F	Kraft, Richtungsfehler
F_{ant}	Antastkraft
F_D	Dämpfungskraft
F_F	Federkraft
F_I	Magnetkraft
F_K	Frequenzgang der Kompensation
F_N	Normalkraft
F_R	durch die Reibung verursachter Richtungsfehler, Reibungskraft
F_T	Trägheitskraft
F_U	durch die Unsicherheit verursachter Richtungsfehler
F_Σ	Summe der Richtungsfehler
F_ρ	relativer Fehler des Krümmungsradius

$F(\omega)$	Frequenzgang
$\|F(\omega)\|$	Betragsverlauf des Frequenzganges
$G(t)$	Position des Tastsystemgehäuses
$\mathbf{H}$	Matrix der Abtastzeitpunkte
K, K^*	Konstante
K_v	Geschwindigkeitsverstärkung
$\vec{l}, l$	normierter Vektor, Betrag der Auslenkung des Taststiftes
l_B	Bahnabweichung
L	Auslenkung des Taststiftes
L_{mes}	Meßlänge
L_x	Wälzlänge
m	Masse
$\mathbf{M}$	Matrix von x-Koordinaten
M	Maximum der Geschwindigkeitsabweichung
$\vec{N}$	Normalenrichtung
$\vec{N}_e$	Einheitsvektor der Normalenrichtung
P_i	Stützpunkte
$r(t)$	Rampenfunktion
R_{max}	Rauhtiefe
$\vec{S}(t)$	Bahnkoordinaten
s	Laplaceoperator
t	Zeit
$\vec{T}=(T_x, T_y)$	Tangentenrichtung
T, T_a, T_b	Zeitkonstanten
$\vec{T}_e=(T_{xe}, T_{ye})$	Einheitsvektor der Tangentenrichtung
$\vec{T}_{ex}$	exakte Tangentenrichtung
u, v, w	Koordinatenwerte der Achsen des Tastsystems
u', v', w'	Koordinatenwerte der gedrehten Achsen
U	Längenmeßunsicherheit, Spannung
U, V, W	parallel zu den Geräteachsen X, Y, Z liegende Tastsystemachsen
U^*	Unsicherheit des Tastsystems
$\vec{v}_B=(v_{Bx}, v_{By})$	Bahngeschwindigkeitsvektor
v_B	Betrag von $\vec{v}_B$
$\vec{v}_{Hilfs}, v_{Hilfs}$	Hilfsgeschwindigkeitsvektor, Betrag
$\vec{v}_{korr}, v_{korr}$	Korrekturgeschwindigkeitsvektor, Betrag

$\vec{v}_L$, v_L	Vektor, Betrag des Leitvorschubes
$\vec{v}_T=(v_{Tx}, v_{Ty})$	tangential zum Meßobjekt gerichtete Vorzugsgeschwindigkeit beim Scannen
v_T	Betrag von $\vec{v}_T$
$\mathbf{X}$, $\mathbf{Y}$	Spaltenvektoren aus x-, y-Koordinaten
X, Y, Z	translatorische Geräteachsen
x_i, y_i, z_i	Koordinatenwerte der Lageistwerte
x_s, y_s, z_s	Koordinatenwerte der Lagesollwerte
x', y' ...	erste Ableitung
x'', y'' ...	zweite Ableitung
$\dot{x}$, $\dot{y}$ ...	erste Ableitung nach der Zeit
$\ddot{x}$, $\ddot{y}$ ...	zweite Ableitung nach der Zeit
$Y_E(t)$	Bewegungsbahn des Tastsystemgehäuses an einer Ecke
$Y_G(t)$	geradlinige Bahn
$Y_R(t)$	Bewegungsbahn der Rampenantwort

α, β, γ	Winkelangaben
Δs	Schleppabstand
Δt	Abtastzeit
Δu, Δv, Δw	Auslenkung des Taststiftes
$\Delta \mathbf{X}$, $\Delta \mathbf{Y}$	Abweichungsvektoren
Δx, Δy, Δz	Differenz der Koordinatenwerte
Θ	Fehlerwinkel
λ	Variable
μ_R	Reibungskennzahl
ρ	Krümmungsradius
φ	Winkel zwischen Tangentenrichtungen
$\varphi(\omega)$	Phasenverlauf eines Übertragungsgliedes
$\psi(\dot{x}, \dot{y})$	Nebenbedingung bei der Extremwertuntersuchung
ω	Kreisfrequenz

Mehrfach verwendete Indizes

A	Antriebe
Ar	Auswerterechner
e	auf den Betrag "eins" normierte Größe
Filt	Filterung
Int	Interpolation
i	Istwert
Lin	Linearinterpolation
max	Maximalwert
min	Minimalwert
n	senkrecht gerichtet
Para	Parabelinterpolation
soll	Sollwert
tan	tangential gerichtet
Zirk	Zirkularinterpolation

Abkürzungen

BSEA	Bedien- und Steuerdaten-Ein-/Ausgabe
CNC	Computerized Numerical Control
E/A	Ein- /Ausgabe
GEO	Geometriedatenverarbeitung
NC	numerische Steuerung (Numerical Control)
NCVA	NC-Datenverarbeitung und -aufbereitung
MPST	Modulares Mehrprozessor-Steuersystem
SPS	Speicherprogrammierbare Steuerung
TMS 9900, 9995	16-bit-Mikroprozessor (Texas Instruments)
μP	Mikroprozessor

1 Einleitung

In den Fertigungsbetrieben ist durch die Entwicklung der NC-Technik eine umfassende Umwälzung in Gang gesetzt worden. Auch in der Fertigungsmeßtechnik wird die NC-Technik zunehmend zur Prüfung von Werkstücken in der Wareneingangs- und in der Fertigungskontrolle, sowie in Forschung, Entwicklung und Versuch verwendet. Numerisch gesteuerte Koordinatenmeßgeräte werden heute für Werkstücke mit unterschiedlichsten Abmessungen eingesetzt: z.B. für die Messung an kleinen feinmechanischen Bauteilen /1/ oder für die Messung an Nutzfahrzeugen /2/. Die Entscheidung, numerisch gesteuerte Koordinatenmeßgeräte für die Qualitätskontrolle einzusetzen, läßt sich durch folgende Gesichtspunkte begründen:

- Aufgrund des mechanischen Konstruktionsprinzips der Koordinatenmeßgeräte kann man Koordinatenwerte an jeden Punkt eines Meßobjektes antasten und so in einem räumlichen Koordinatensystem erfassen.
- Mit Hilfe der rechnerunterstützten Auswertung der Antastkoordinaten lassen sich auch komplizierte mathematische Operationen ausreichend schnell ausführen, so daß komfortable Meßprotokolle wirtschaftlich erstellt werden können.

Mit dem zunehmenden Einsatz der Koordinatenmeßgeräte hat sich die Leistungsfähigkeit der Auswertesoftware und der Koordinatenmeßgeräte schnell entwickelt /3/. Mit dieser Leistungssteigerung sind auch die Anforderungen an die Steuerung der Geräteachsen gestiegen. Ein Grundproblem dabei ist, daß bei der Prüfung von vielen Einzelpunkten lange Meßzeiten entstehen, die hohe Prüfkosten verursachen. Von einigen Herstellern wurden daher Zusatzeinrichtungen für Koordinatenmeßgeräte entwickelt, die den Einsatz von verschiedenen Tastsystemen, von Drehachsen und das kontinuierliche Abtasten (Scannen) von Meßobjekten ermöglichen /4, 5/.
Der Fortschritt in der Entwicklung der Halbleitertechnik erweiterte die Einsatzbereiche der Steuersysteme für Werkzeugmaschi-

nen in der Weise, daß die Standardfunktionen einer CNC (Computerized Numerical Control) um neue Funktionen ergänzt werden können /6/. Es entstanden Bausteinsysteme, die es ermöglichen, numerische Steuerungen für unterschiedliche Anwendungen zu konfigurieren. Die Basis dazu bilden mehrere parallel arbeitende Mikroprozessoren, wie dies im Mehrprozessor-Steuersystem (MPST) /8/ realisiert wurde. Die Flexibilität eines solchen Bausteinsystems ermöglicht es, die für Koordinatenmeßgeräte erforderlichen Steuerfunktionen in eine CNC zu integrieren.

Die universelle Anwendungsbreite und die Weiterentwicklung der Auswertesoftware ergeben einen hohen Anreiz für den Einsatz der Koordinatenmeßgeräte. Eine Hemmschwelle bildet jedoch zum Teil noch immer die ungenügende Wirtschaftlichkeit der Geräte. Die Effizienz einer Koordinatenmeßanlage kann durch flexiblere Einsatzmöglichkeiten und durch die Verringerung der Meßzeiten gesteigert werden.
Ziel dieser Arbeit ist es, durch steuerungstechnische Maßnahmen diesen Forderungen näher zu kommen. Ausgehend von bei Werkzeugmaschinen bekannten Verfahren werden Lösungswege für die Führungsgrößenerzeugung und die Lageregelung der Geräteachsen diskutiert, die eine Optimierung des Meßvorgangs mit schaltenden und messenden Tastsystemen erlauben. Insbesondere wird dabei der Schwerpunkt des sogenannten Scannens von Meßobjekten mit messenden Tastsystemen untersucht.
Die in dieser Arbeit entwickelten Verfahren und Lösungen werden für den Einsatz der Mikrorechnertechnik so konzipiert, daß die in einem Mehrprozessor-Steuersystem durch die Parallelarbeit der Mikroprozessoren bedingten Vorteile nutzbar werden.

2 Aufbau einer Koordinatenmeßanlage

Eine Optimierung der Steuerung der Geräteachsen von Koordinatenmeßgeräten erfordert zunächst eine Analyse der Komponenten und der Funktionsweise von bekannten Koordinatenmeßanlagen. Das Ziel dieses Abschnittes ist es, die Informationsverarbeitungsaufgaben des Steuersystems in getrennte Funktionseinheiten aufzuspalten, damit die Schwerpunkte der anstehenden Entwicklungsaufgaben herausgearbeitet und den einzelnen Funktionsblöcken zugeordnet werden können.

2.1 Komponenten einer Koordinatenmeßanlage

Zunächst sollen die Komponenten einer Koordinatenmeßanlage genannt werden. Das Bild 2.1 zeigt eine vollständige Koordinatenmeßanlage, die aus den Komponenten: Steuersystem, Bedienfeld, Koordinatenmeßgerät und Standard-Peripheriegeräte aufgebaut ist.

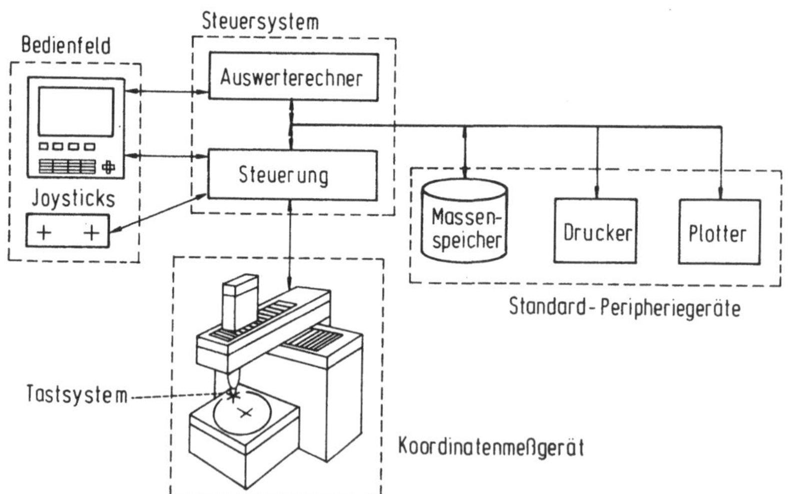

Bild 2.1: Komponenten einer Koordinatenmeßanlage

Das Steuersystem, bestehend aus einem Auswerterechner und einer

Steuerung führt die Informationsverarbeitung durch. Ähnlich einer Datenverarbeitungsanlage benötigt das Steuersystem Standard-Peripheriegeräte wie Drucker, Plotter und Massenspeicher. Für die Eingabe der Bedienoperationen wird in der Regel ein an die Bedürfnisse des Benutzers angepaßtes Bedienfeld verwendet.

Entsprechend den Anforderungen an die Anlage können sich die Komponenten in ihrer Leistungsfähigkeit erheblich unterscheiden. Das Koordinatenmeßgerät selbst besitzt translatorische und häufig auch rotatorische Geräteachsen, mit denen das Tastsystem relativ zum Meßobjekt bewegt werden kann. Ähnlich den numerisch gesteuerten Arbeitsmaschinen /3/ können Koordinatenmeßgeräte als Drei-Koordinaten-Meßgeräte, als Polar-Koordinatenmeßgeräte /10/ oder wie Industrieroboter /11/ als Kugelkoordinaten-Meßgeräte /12/ ausgeführt sein. In den Geräteachsen sind Wegmeßsysteme eingebaut. Als Wegmeßsysteme werden fast ausschließlich hochauflösende Glasmaßstäbe mit einem Auflösungsvermögen von bis zu 0,1µm /13, 14/ verwendet.
Je nach dem Grad der Automatisierung kennt man manuell geführte, manuell gesteuerte und numerisch gesteuerte Koordinatenmeßgeräte. An manuell geführten Koordinatenmeßgeräten wird die Kraft zur Bewegung des Tastsystems von Hand aufgebracht. Die manuell gesteuerten Geräte besitzen motorisch angetriebene Geräteachsen, deren Bewegungs- und Meßaufträge über ein Bedienfeld vorgegeben werden. Numerisch gesteuerte Koordinatenmeßgeräte ermöglichen zusätzlich einen automatischen Meßablauf. Aufgabe der Steuerung ist es, die Geräteachsen und die Achsen des Tastsystems zu steuern. Dazu wird bei Koordinatenmeßgeräten, wie auch bei Bearbeitungsmaschinen üblich, eine mit Mikrorechnern aufgebaute Steuerung CNC (Computerized Numerical Control) verwendet. Der Auswerterechner führt die Auswertung und die Protokollierung der Meßergebnisse durch. Er kann in die Steuerung eingebaut oder als getrennt angeordneter Tischrechner ausgeführt sein.

2.2 Verarbeitung der Steuerdaten in einer Koordinatenmeßanlage

Die Leistungsfähigkeit einer Koordinatenmeßanlage wird zum einen durch die Eigenschaften des Koordinatenmeßgerätes und zum anderen durch das Steuersystem bestimmt. Im Steuersystem verwendet man Steuerdaten zum Programmieren der Bewegungsabläufe und der Auswertefunktionen. Zur Vereinfachung der Gerätebedienung wird die Eingabe und die Verarbeitung der Steuerdaten in verschiedenen Betriebsarten durchgeführt.

2.2.1 Betriebsarten einer Koordinatenmeßanlage

Bei der Steuerdatenverarbeitung einer Koordinatenmeßanlage unterscheidet man die Betriebsarten: Handbetrieb, Automatikbetrieb und Programmeingabe.
Der Handbetrieb wird für einfache Meßabläufe oder bei Einzelmessungen eingesetzt. Dabei gibt der Bediener jeweils die Bewegungen der Geräteachsen vor, die Achspositionen und die Meßwerte werden auf dem Bedienfeld angezeigt. Auch in dieser Betriebsart können Auswertefunktionen zur Berechnung von geometrischen Kenngrößen und zur Protokollierung der Meßergebnisse angewählt werden.
Im Automatikbetrieb wird eine Messung vollautomatisch ausgeführt. Ein Steuerprogramm gibt den Meßablauf vor. Diese Betriebsart ist für eine effektive Ausnutzung des Gerätes unabdingbar.
Vor Ablauf einer vollautomatischen Messung muß die Koordinatenmeßanlage in der Beriebsart Programmeingabe programmiert werden. Eine weit verbreitete Variante ist die Erstellung eines Steuerprogramms über eine Lernsteuerung anhand eines Meisterwerkstückes (Teach-In). Diese Lernprogrammierung /15/ zeichnet sich durch eine einfache und schnelle Eingabe des Meßablaufs aus. Dabei können auch geometrisch komplizierte Meßobjekte mit Bedienungsoperationen programmiert werden, die dem Bediener vom Handbetieb geläufig sind. Die zweite Variante ist die Programmierung über Steuerdaten. Sie vermeidet den Nachteil, daß das

Koordinatenmeßerät während der Programmierung nicht für Messungen verwendet werden kann. Die Steuerdaten können auf dem Steuersystem parallel zur Ausführung eines anderen Meßablaufes On-Line erstellt werden oder auf einem anderen Rechner Off-Line eingegeben werden. Wie bei der Steuerdatenerstellung für Werkzeugmaschinen gibt es auch für Koordinatenmeßgeräte Programmiersysteme. In /16/ werden die Möglichkeiten dieser Off-Line-Programmierung diskutiert.

2.2.2 Steuerdaten für ein Koordinatenmeßgerät

Um die Steuerdatenverarbeitung zu erläutern, sollen zunächst die für Koordinatenmeßgeräte üblichen Steuerdaten beschrieben werden. Die Definition der Steuerdaten für ein Koordinatenmeßgerät basiert häufig auf dem für numerisch gesteuerte Arbeitsmaschinen genormten Format /17/. Danach besteht ein Steuerprogramm aus einer Folge von Sätzen, die jeweils einen abgeschlossen Arbeitsabschnitt beinhalten. Aufbauend auf dieser Vereinbarung wurde im Rahmen der Entwicklung des zur Teileprogrammierung für Koordinatenmeßgeräte vorgesehenen Programmiersystems N.C.M.E.S. /18/ das Format eines solchen gerätespezifischen Steuerprogramms definiert. Die Steuerdaten setzen sich aus den Steueranweisungen für das Meßgerät und aus den Auswerteanweisungen zum Erstellen des Meßprotokolls zusammen. Die Beauftragung der Steuerung und des Auswerterechners erfolgt über die innerhalb eines Satzes programmierten Worte mit den zugehörigen Parametern.
Die Steueranweisungen bestehen aus Bewegungssätzen und Zusatzfunktionen. Bewegungsätze spezifizieren Positionieraufträge oder Aufträge, die mit einer Meßwertübernahme kombiniert sind. Sie enthalten als Parameter jeweils die Zielposition und die Antastbedingungen.
Die Auswerteanweisungen beschreiben die Rechenoperationen zur Beurteilung des Meßobjektes. Sie geben die geometrischen Grundelemente an, die zur Verdichtung der Meßdaten erforderlich sind und definieren die Verknüpfungen zur Berechnung der Meßergeb-

nisse.
Neben den Steuer- und Auswerteanweisungen können Sprachelemente zum Steuern des Programmablaufes und für Parameterberechnungen eingesetzt werden. Sie vereinfachen die teileorientierte Programmierung /19/. Das Bild 2.2 zeigt als Beispiel einen Auszug aus einem Steuerprogramm für ein Polarkoordinaten-Meßgerät /20/. Die Steuerdaten enthalten neben den Steuer- und Auswerteanweisungen auch Anweisungen zur Programmverzweigung und für arithmetische Operationen.

Anweisungen:	Kommentar:
⋮	
N 100 [I] = 0;	Parameter I initialisieren
N 105 G81 C 20.0 U 500;	Antasten durch Drehen der C-Achse, Meßwertübernahme
N 110 G01 X 10;	Sicherheitsposition anfahren
N 115 G01 C 24;	Drehen zum nächsten Zahn
N 120 G01 X -10;	Auf Teilkreis positionieren
N 125 [I] = [I] + 1;	
N 130 $IF [I]<15 $THEN $GOTO 105;	Fertig ? wiederholen bei Satznr. 105
N 135 H27;	Auswerteauftrag für Teilungsmessung
⋮	

Bild 2.2: Auszug aus einem Steuerprogramm zur Teilungsmessung an einem Stirnrad

Die aufgezeigte Struktur der Steuerdaten in einer Koordinatenmeßanlage erfordert eine zentrale Interpretation der Anweisungen in den einzelnen Sätzen und eine Verteilung der Steuer- und Auswerteanweisungen an die verschiedenen Funktionseinheiten. Dies bestimmt wesentlich den Aufbau des Steuersystems.

2.2.3 Struktur der Steuerdatenverarbeitung

2.2.3.1 Prinzip der Steuerdatenverarbeitung

Die Steuerdatenverarbeitung an Koordinatenmeßgeräten unterscheidet sich von der Steuerdatenverarbeitung an Werkzeugmaschinen durch die Verarbeitung von erfaßten Antastpunkten. Da das Ergebnis eines Meßvorgangs nicht durch die Bewegung eines Werkzeuges an einem Werkstück entsteht, sondern als Meßprotokoll aus Antastpunkten ermittelt wird, ist eine Umkehrung des Steuerflusses notwendig. Die Koordinatenwerte der Antastpunkte werden zu Meßergebnissen verknüpft und protokolliert, außerdem werden sie zur Korrektur der programmierten Verfahrwege herangezogen. Eine solche Korrektur ist während des Meßablaufes erforderlich, da vor der Messung die genaue Lage des Meßobjektes nicht bekannt ist.
Vor Beginn einer Messung ist im allgemeinen zunächst ein Kalibrieren des Tastsystems durch Einmessen erforderlich. Dabei werden die vom Tastsystem herrührenden reproduzierbaren Unsicherheiten und der wirksame Tastkugelradius /21/ durch Antasten eines Prüfkörpers z.B. einer Kalibrierkugel ermittelt. Werte zur Korrektur der Antastpositionen und der programmierten Verfahrwege werden gespeichert. Danach ist die Lage des Meßobjektes durch Antasten von Bezugselementen zu erfassen und in das Gerätekoordinatensystem zu transformieren. Diese Transformation bezeichnet man als Ausrichten. Hierbei wird die Transformationsmatrix zur Korrektur der Antastpunkte ermittelt und die Korrektur der programmierten Verfahrwege durch eine Nullpunktverschiebung des Gerätekoordinatensystems durchgeführt.
Die Berechnung der geometrischen Kennwerte des Meßobjektes aus den Antastpunkten und den Vergleich dieser errechneten Werte mit den Sollwerten und Toleranzen bezeichnet man als Auswerten. Das Spektrum der Auswertefunktionen reicht von der einfachen Protokollierung der Antastkoordinaten über Basisauswertefunktionen bis hin zu erweiterten Auswertefunktionen, die für spezielle Meßaufgaben definiert sind. Für die meisten Meßanwendungen in einer Ebene genügen Basisauswertefunktionen für die

Grundelemente: Gerade, Kreis und Ellipse. In der räumlichen Darstellung sind dies die Elemente Ebene, Zylinder, Kugel und Kegel. Erweiterte Auswertefunktionen finden an kompliziert zu beschreibenden Teilen wie Zahnrädern, Turbinenschaufeln oder Propeller Verwendung.

2.2.3.2 Funktionsblöcke der Steuerdatenverarbeitung

Die Steuerdatenverarbeitung an einem Koordinatenmeßgerät kann in einzelne Funktionsblöcke aufgeteilt werden. Das Bild 2.3 zeigt die in vier Hauptgruppen zusammengefaßten Funktionsblöcke und den Datenfluß der Steuer- und Meßdaten.

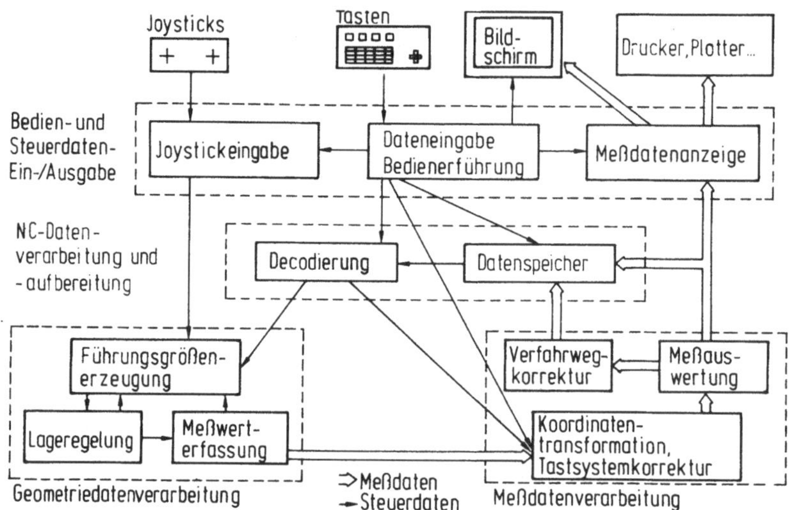

Bild 2.3: Funktionsblöcke der Steuerdatenverarbeitung

Bedien- und Steuerdaten-Ein-/Ausgabe

Die Ansteuerung der Bedienperipherie zur Ein- und Ausgabe der Steuer- und Meßdaten wird von den Funktionsblöcken Dateneingabe, Bedienerführung, Meßdatenanzeige und Joystickeingabe durchgeführt. Die Funktionsblöcke der Bedien- und Steuerdaten-Ein-/Ausgabe (BSEA) beauftragen die Funktionsblöcke der anderen

Hauptgruppen, entsprechend der gewählten Betriebsart und der jeweiligen Eingabeoperation.

NC-Datenverarbeitung und -aufbereitung

Im automatischen Betrieb werden die Steuerdaten von der NC-Datenverarbeitung und -aufbereitung (NCVA) durch Decodieren, Interpretieren und Korrigieren aufbereitet. Die Steuerdaten werden an die Geometriedatenverarbeitung und die Meßdatenverarbeitung weitergeleitet.

Geometriedatenverarbeitung

Die Geometriedatenverarbeitung (GEO) übernimmt die an den Achsen des Koordinatenmeßgerätes und am Tastsystem durchzuführenden Steueraufgaben. Verfahrbewegungen werden von der Führungsgrößenerzeugung vorgegeben. Die Lageregelung stellt an den Geräteachsen die Lagesollwerte ein.
Man unterscheidet Positionier- und Antastvorgänge. Beim Positionieren werden mit dem Tastsystem Zwischenpositionen in einiger Entfernung vom Meßobjekt angefahren. Anschließend werden die Antastpunkte durch Antastvorgänge erfaßt. Der Funktionsblock Meßwerterfassung speichert die Auslenkung des Taststiftes und die Koordinatenwerte der Geräteachsen als Antastpunkte.

Meßdatenverarbeitung

Die Meßdatenverarbeitung übernimmt die Koordinatenwerte der Antastpunkte von der Meßwerterfassung. Der Funktionsblock Koordinatentransformation rechnet diese Koordinatenwerte mit Hilfe der beim Einmessen und Ausrichten ermittelten Parameter in Koordinatenwerte um, die auf das Meßobjekt bezogen sind. Der Funktionsblock Verfahrwegkorrektur bestimmt die Verschiebung des Gerätenullpunktes für die Steuerung der Geräteachsen.

3 Zielsetzung und Vorgehen

Die Steigerung der Wirtschaftlichkeit von Koordinatenmeßanlagen wurde in den letzten Jahren vor allem durch die Erweiterung der Auswertefunktionen erreicht. Für die Bestimmung von Maß, Form und Lage an prismatischen Teilen und für das Abtasten von gekrümmten Flächen sowie für Zahnräder wurden Programme zur Meßauswertung entwickelt. Nach wie vor stehen die Forderungen nach einer Reduzierung der Meßzeit, einer Verringerung der Meßunsicherheiten und einer Erhöhung der Flexibilität des Steuersystems für den Anwender und für den Gerätehersteller im Vordergrund.
Bei den heute verfügbaren, für den Einsatz von mehreren parallel arbeitenden Mikroprozessoren konzipierten Bussystemen /21, 22, 23/ und durch die Einführung von 32-Bit Mikroprozessoren /24, 25/ kann in der Regel für die einzelnen Funktionsblöcke (vgl. Bild 2.3) im Steuersystem genügend Rechenleistung zur Verfügung gestellt werden. Die anfallenden Rechenprozesse können dadurch rechtzeitig bearbeitet werden. Der Funktionsblock Meßdatenverarbeitung und die darin benötigten Auswertealgorithmen wurden bereits mehrfach untersucht und erprobt /26, 27, 28, 29/. Dies gilt ebenfalls für die flexible Gestaltung der Bedien- und Steuerdaten-Ein-/Ausgabe /30/ und die NC-Datenverarbeitung und -aufbereitung. Sie sollen deshalb hier nicht behandelt werden.
Für die Leistungsfähigkeit einer Koordinatenmeßanlage sind die einstellbaren Verfahr- und Abtastgeschwindigkeiten entscheidend. Sie werden wesentlich von den im Funktionsblock Geometriedatenverarbeitung zur Lageeinstellung und Meßwerterfassung verwendeten Verfahren bestimmt.
Ziel dieser Arbeit ist es, durch eine Untersuchung dieser Verfahren eine Optimierung der Verfahr- und Abtastgeschwindigkeiten zu erreichen. Die Meßunsicherheit soll durch ein genaueres Einhalten der vorgegebenen Bahnen, durch eine Reduzierung der Beschleunigungen während des Messens und durch eine vektorielle Steuerung der Antastkraft verringert werden.
Die Flexibiltät der Steuersysteme läßt sich durch die Verwen-

dung von Bausteinsystemen erhöhen. Universelle Hard- und Softwarebausteine ermöglichen es, das Steuersystem an den Aufbau des Meßgerätes und an neue Informationsverarbeitungsaufgaben anzupassen.
Um die genannten Ziele zur Erhöhung der Wirtschaftlichkeit von Koordinatenmeßanlagen zu erreichen, werden in dieser Arbeit folgende Schwerpunkte diskutiert:

- Untersuchung von Verfahren zur Führungsgrößenerzeugung und Lageregelung, die bei Koordinatenmeßgeräten zum Antasten von Meßobjekten geeignet sind.
- Analyse und Entwicklung von Steuerfunktionen für die an Koordinatenmeßgeräten eingesetzten Tastsysteme. Dabei sind Steuerfunktionen für die Geräte- und Tastsystemachsen zu entwickeln, die eine schnelle und genaue Erfassung der Antastpunkte ermöglichen.
- Für eine Reduzierung der Bahnabweichungen beim Scannen wird ein neues Verfahren zur Berechnung der Führungsgrößen aus den Koordinaten von Antastpunkten vorgestellt.
- Anhand von Beispielen für verschiedene Testbahnen werden die auftretenden Bahnabweichungen bestimmt.

Im Rahmen dieser Arbeit wurde ein modulares Mehrprozessor-Steuersystem für Koordinatenmeßgeräte entwickelt und aufgebaut, an dem die hier vorgeschlagenen Steuerungsmethoden erprobt wurden.

4 Verfahren zur Führungsgrößenerzeugung und Lageregelung

Die bei der Lageeinstellung verwendeten Verfahren zur Führungsgrößenerzeugung und Lageregelung sind entscheidend für die bei Koordinatenmeßgeräten entstehenden Meßzeiten. Für eine Optimierung der Bahnerzeugung sollen in diesem Kapitel die bei Werkzeugmaschinen bekannten und an Koordinatenmeßgeräten einsetzbaren Verfahren diskutiert und die anstehenden Probleme dargestellt werden.

4.1 Verfahren zur Bahnerzeugung bei Werkzeugmaschinen

4.1.1 Konventionelle Verfahren

An Koordinatenmeßgeräten finden die für numerisch gesteuerte Vorschubachsen bekannten Steuerungsarten: Punktsteuerung, Streckensteuerung und Bahnsteuerung Anwendung. Sie erlauben das Erfassen von Antastkoordinaten nach Abschluß oder während der Bewegung der Geräteachsen.
Bei Meßgeräten mit einer Punktsteuerung kann eine Meßwerterfassung an definierten Positionen nur nach dem Abschluß der Positioniervorgänge durchgeführt werden.
Streckensteuerungen erlauben parallel zu den Achsen gerichtete Antastvorgänge mit definierter Geschwindigkeit.
Von einer Bahnsteuerung werden die Geräteachsen so gesteuert, daß Antastpunkte auf Raumkurven erfaßt werden können. Im Bild 4.1 ist die Struktur einer konventionellen Bahnsteuerung nach /31/ gezeigt. Die Führungsgrößenerzeugung berechnet aus einer vorgegebenen Sollbahn die Sollwerte für die Lageregelung. Hauptbestandteil der Führungsgrößenerzeugung ist ein Interpolator. Er kann mehrstufig aus Grobinterpolation, Slope und Feininterpolation zusammengesetzt sein oder nach Verfahren der direkten Funktionsberechnung /32/ arbeiten. In der Lageregelung werden die so interpolierten Bahnstützpunkte mit dem jeweiligen Lageistwert der Achse verglichen. Der Lageregler berechnet aus der Regeldifferenz den Geschwindigkeitssollwert für die Antrie-

be der Geräteachsen. Üblicherweise verwendet man als Lageregler P-Regler. Sie vermeiden Bahnabweichungen bei gleichförmigen Bewegungen der Achsen.

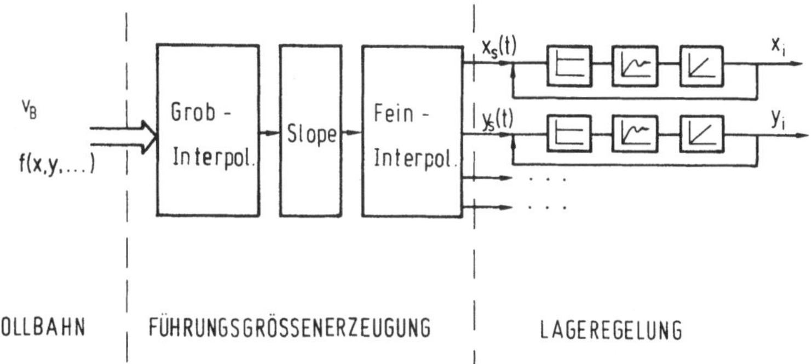

Bild 4.1: Struktur einer konventionellen Bahnsteuerung

4.1.2 Bahnregelung

Eine Bahnregelung der Geräteachsen /33/ unterscheidet sich von der Bahnsteuerung dadurch, daß bei der Bahnregelung auf die senkrecht zur Sollbahn gerichtete Abweichung der Istposition von der Sollbahn geregelt wird. Die Bewegung der Geräteachsen auf der Sollbahn wird durch eine tangential gerichteten Vorzugsgeschwindigkeit gesteuert.

Bei der Bahnsteuerung hingegen wirkt die Lageregelung Abweichungen der Istposition gegenüber der von einer Interpolation berechneten Sollposition entgegen. Da die Bahnstützpunkte die Bahnform und die Bahngeschwindigkeit enthalten, müssen bei der Bahnsteuerung die beiden Führungsgrößen Bahnform und Bahngeschwindigkeit durch die Lageregelung eingestellt werden.

Der Aufbau einer zweiachsigen Bahnregelung ist in Bild 4.2 dargestellt. Diese Struktur ist gegenüber der Kettenstruktur der konventionellen Bahnsteuerung durch die Rückführung der Istbahn auf die Führungsgrößenerzeugung gekennzeichnet. Der Bahnregler berechnet aus der Istposition und den Parametern der Sollbahn f(x,y) den nächstliegenden Lagesollwert auf der Bahn.

Zusätzlich ermittelt der Bahnregler mit der angegebenen Bahngeschwindigkeit v_B die tangential gerichtete Vorzugsgeschwindigkeit $\vec{v}_T$ sowie die Abweichung $\vec{P}_{soll} - \vec{P}_{ist}$. Die Komponenten der Vorzugsgeschwindigkeit v_{Tx}, v_{Ty} werden den Lageregelkreisen über einen weiteren Eingang aufgeschaltet.

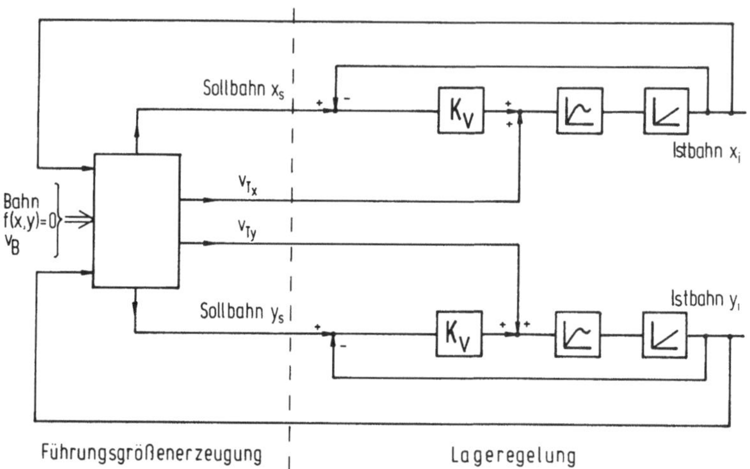

Bild 4.2: Struktur einer zweiachsigen Bahnregelung

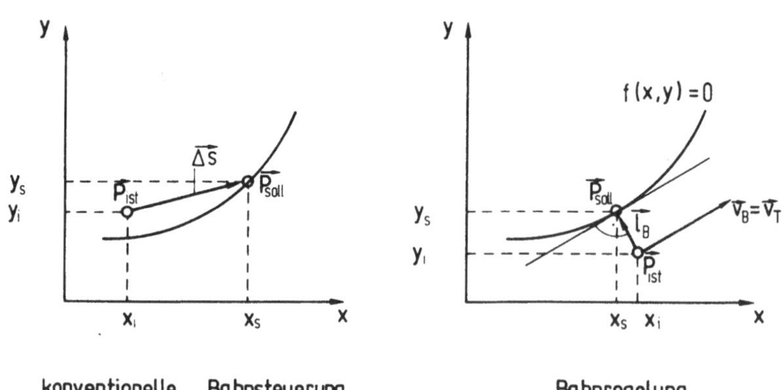

Bild 4.3: Regelabweichung einer konventionellen Bahnsteuerung und einer Bahnregelung

Ein Vergleich der Regelabweichungen der konventionellen Bahnsteuerung mit denen einer Bahnregelung für ein System mit zwei Achsen ist in Bild 4.3 gezeigt. Bei der Bahnregelung ist die Regelabweichung als senkrechte Bahnabweichung $\vec{l}_B$ festgelegt. Dieser senkrechte Abstand zur Sollbahn wird von einem Bahnregler aus der Funktionsdarstellung $f(x,y) = 0$ der Bahn berechnet. Daraus erzeugt der Bahnregler eine zu der Bahn hin gerichtete Korrekturgeschwindigkeit. Zusätzlich zu dieser Korrekturgeschwindigkeit wird den Antrieben im gesteuerten Betrieb die tangential gerichtete Vorzugsgeschwindigkeit $\vec{v}_T$ aufgeschaltet. Bei der konventionellen Bahnsteuerung wird die Regelabweichung durch den Schleppabstand $\vec{\Delta s}$ charakterisiert, der als Differenz zwischen einzelnen Bahnstützpunkten und der Istposition berechnet wird.

4.2 Bahnregelung an Koordinatenmeßgeräten mit messenden Tastsystemen

Bei der Lageeinstellung der Geräteachsen an Koordinatenmeßgeräten mit messenden Tastsystemen werden die einzustellenden Bahnkoordinaten durch das Meßobjekt vorgegeben. Es können entweder Einzelpunkte angetasten werden, oder man kann Konturen kontinuierlich wie bei einer Nachformeinrichtung /34/ abtasten. Die Regelabweichung wird dabei vom Tastsystem ermittelt. Die Differenz zwischen dem Meßobjekt und der Istposition des Tastsystemgehäuses äußert sich als Taststiftauslenkung. Wenn die Auslenkung des Taststiftes senkrecht zum Meßobjekt gerichtet ist, so entspricht dies dem Prinzip einer Bahnregelung (vgl. Bild 4.3).

Bei den in diesem Kapitel zur Untersuchung der Bahnregelung vorgenommenen Betrachtungen wird immer vorausgesetzt, daß die Tastkugel das Meßobjekt mit einer definierten Antastkraft berührt, und daß die Auslenkung des Taststiftes im wesentlichen senkrecht auf das Meßobjekt gerichtet ist.

4.2.1 Antasten von Einzelpunkten

Beim Antasten von Einzelpunkten ist für jeden Antastpunkt ein Antastzyklus durchzuführen. Dabei werden jeweils die Koordinatenwerte der Antastpunkte gespeichert. Ein Antastpunkt kann statisch oder dynamisch erfaßt werden. Man spricht von einer statischen Meßwertübernahme, wenn vor dem Erfassen der Koordinatenwerte die Taststiftauslenkung ausgeregelt ist, und die Geräteachsen still stehen.

Die Regelung der Geräteachsen nach der Auslenkung des Taststiftes kann in einer, zwei oder allen drei Achsen erfolgen. Das Bild 4.4 zeigt die Struktur der Antastregelung und die Ermittlung der Regeldifferenz für eine Geräteachse.

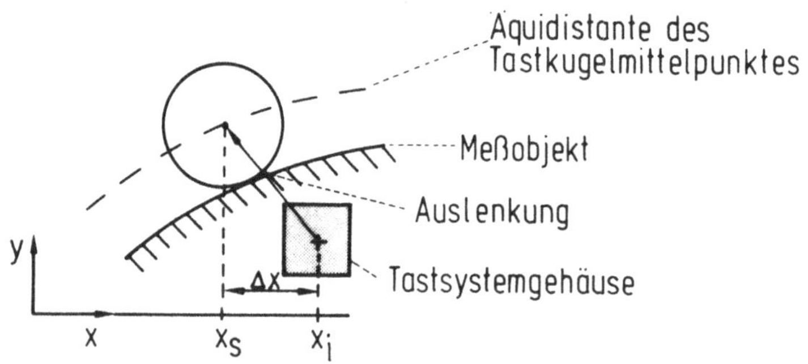

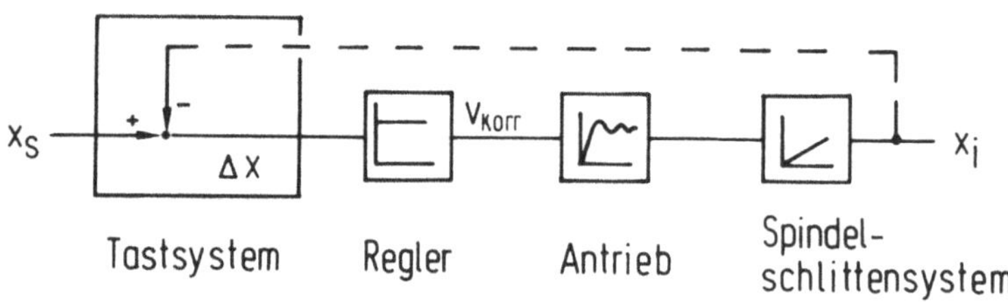

Bild 4.4: Antastregelung für eine Geräteachse

Der Regelkreis für die Antastregelung einer Geräteachse ist dadurch gekennzeichnet, daß die Regeldifferenz im Tastsystem gebildet wird.

Beim statischen Antasten stellt die Antastregelung die Koordinatenwerte des Antastpunktes abhängig vom Meßobjekt ein. Die Lage des Antastpunktes hängt von den Freiheitsgraden des Tastsystems ab.
Bei Tastsystemen, die nur einen Freiheitsgrad in Anfahrrichtung besitzen, liegt der Antastpunkt auf dem Durchstoßpunkt der Anfahrrichtung des Tastkugelmittelpunktes durch das Meßobjekt.
Im Fall einer Antastregelung mit zwei Tastsystemachsen und den zugehörigen Geräteachsen liegt der Antastpunkt auf der Schnittlinie des räumlichen Meßobjektes mit der durch die Antastregelung festgelegten Ebene.
Werden drei Geräteachsen nach der Taststiftauslenkung geregelt, so findet bei der Antastregelung ein senkrecht zum Meßobjekt gerichteter Ausgleichsvorgang statt. Für die Lage des Antastpunktes kann in diesem Fall kein geometrischer Ort angegeben werden, da er vom Meßobjekt abhängt.

4.2.2 Scannen

Als Scannen (englisch: to scan = abtasten, absuchen) bezeichnet man das kontinuierliche Abtasten eines Meßobjektes. Die Antastpunkte werden dabei dynamisch aufgenommen. Beim Scannen regelt eine Antastregelung die Auslenkung des Taststiftes in einer oder mehreren Geräteachsen. Sie gleicht dadurch die Positionsabweichungen des Tastsystems aus. Die Bewegung des Tastsystems relativ zum Meßobjekt wird durch eine der Antastregelung überlagerte Geschwindigkeit erzeugt. Während der Bewegung werden die Koordinatenwerte der Antastpunkte erfaßt und für die Auswertung bereitgestellt.
Entsprechend der Anzahl der Geräteachsen, deren Lagesollwerte aus der Form des Meßobjektes abgeleitet werden, kann ein null-, ein-, oder zweiachsiges Scannen definiert werden.
Das ein- und zweiachsige Scannen ist vom Nachformen her bekannt /34/. Das nullachsige Scannen dagegen findet nur bei Koordinatenmeßgeräten Anwendung. Das Bild 4.5 zeigt die Gegenüberstellung der verschiedenen Scannverfahren.

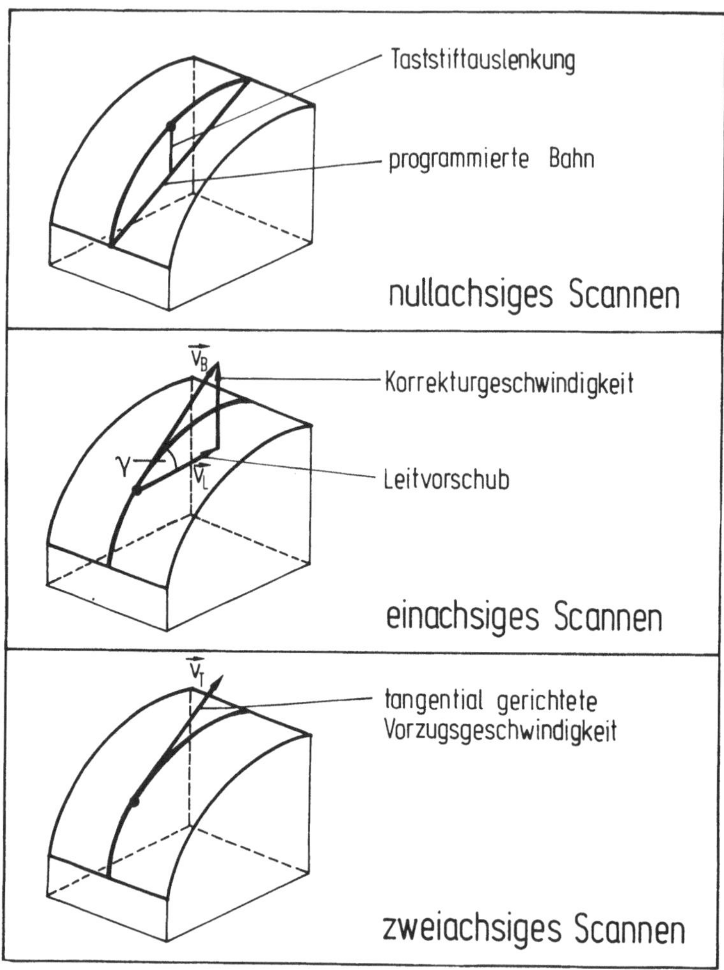

Bild 4.5: Null-, ein- und zweiachsiges Scannen

Nullachsiges Scannen

Beim nullachsigen Scannen wird das Tastsystem von den Geräteachsen auf einer durch Steuerdaten vorgegebenen Bahn bewegt. Die Antastkoordinaten werden dabei von einem das Meßobjekt berührenden Tastsystem erfaßt. Das Bild 4.6 zeigt das nullachsige Scannen zur Messung des Zahnprofiles an einem Zahnrad.

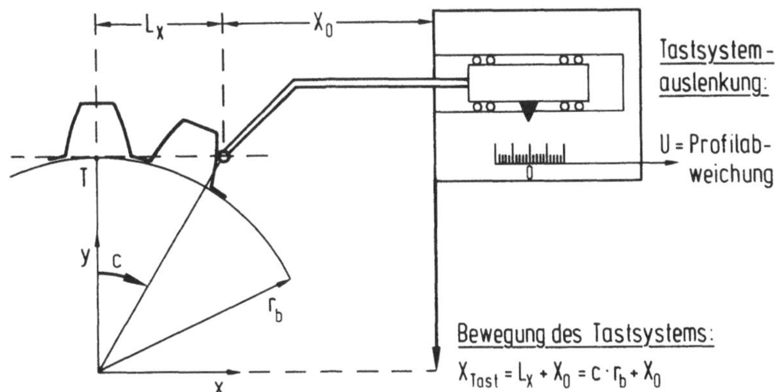

Bild 4.6: Nullachsiges Scannen eines Zahnprofiles

Bei der Messung wird ein messendes Tastsystem mit einem Freiheitsgrad an einem sich drehenden Zahnrad in tangentialer Richtung auf der Bahn einer idealen Evolventen /35/ geführt. Dabei berührt der Taststift die Zahnflanke. Aus der Auslenkung des Taststiftes kann man die Abweichung des Zahnprofils von der Evolventen bestimmen.

Einachsiges Scannen

Im Falle des einachsigen Scannens werden die Lagesollwerte einer Geräteachse vom Meßobjekt bestimmt und von einer Antastregelung eingestellt. Die anderen Geräteachsen bewegen sich auf der durch Steuerdaten vorgegebenen Bahn. Der Winkel γ zwischen der Tangentenrichtung des Meßobjektes und der Richtung der programmierten Bahngeschwindigkeit $\vec{v}_L$ beeinflußt den Betrag der Bahngeschwindigkeit $\vec{v}_B$ der Tastkugel:

$$v_B = \frac{v_L}{\cos\gamma} \quad . \qquad (4.1)$$

Um unzulässig hohe Bahngeschwindigkeiten zu vermeiden, darf der Winkel γ kein rechter sein. Dies schränkt die Anwendung des einachsigen Scannens ein. Durch Umschalten der Richtung des Leitvorschubes $\vec{v}_L$ kann der Arbeitsbereich des einachsigen Scannens auf Winkel größer 90 Grad erweitert werden. Nachteilig sind dabei aber die dynamischen Fehler, die beim Umschalten der vom Tastsystem geregelten Geräteachsen auftreten.

Zweiachsiges Scannen

Beim zweiachsigen Scannen werden Lagesollwerte für zwei Geräteachsen durch das Meßobjekt vorgegeben und von der Antastregelung eingestellt. Die Scanneinrichtung ermittelt aus der Auslenkung des Taststiftes und der Position der Geräteachsen die tangential zum Meßobjekt gerichtete Vorzugsgeschwindigkeit $\vec{v}_T$. Die Struktur der Bahnregelung beim zweiachsigen Scannen ist in Bild 4.7 dargestellt.

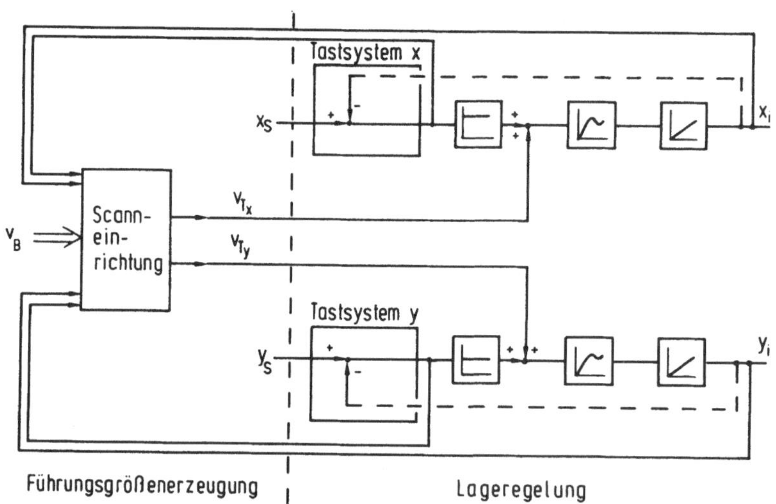

Bild 4.7: Bahnregelung beim zweiachsigen Scannen

Die Taststiftauslenkung gibt den Abstand zwischen Soll- und Istbahn an. Nach diesem Verfahren können Meßobjekte in einer

Ebene abgetastet werden. Durch die kontinuierliche Anpassung der Vorzugsgeschwindigkeit entsteht eine vom Meßobjekt unabhängige konstante Bahngeschwindigkeit.
Wird eine dritte Geräteachse als Zustellachse verwendet, so kann ein Meßobjekt räumlich gescannt werden. Beispielsweise ist das Scannen der Mantelfläche einer Bohrung auf einer schraubenförmigen Bahn denkbar.
Der von der Scanneinrichtung ermittelte Richtungsvektor der Vorzugsgeschwindigkeit kann durch eine einfache Rechnung um 90 Grad in die Normalenrichtung zum Meßobjekt gedreht werden. Der Richtungsvektor steht dann zum Erzeugen einer vektoriellen Antastkraft zur Verfügung.

Quasi-zweiachsiges Scannen

Steht für die Antastregelung nur ein Freiheitsgrad des Tastsystems zur Verfügung, so kann ein quasi-zweiachsiges Scannen auch mit nur einer einzigen vom Tastsystem geregelten Geräteachse durchgeführt werden. Es entsteht dann der im Bild 4.8 dargestellte Regelkreis. Die X-Achse wird nur durch eine von

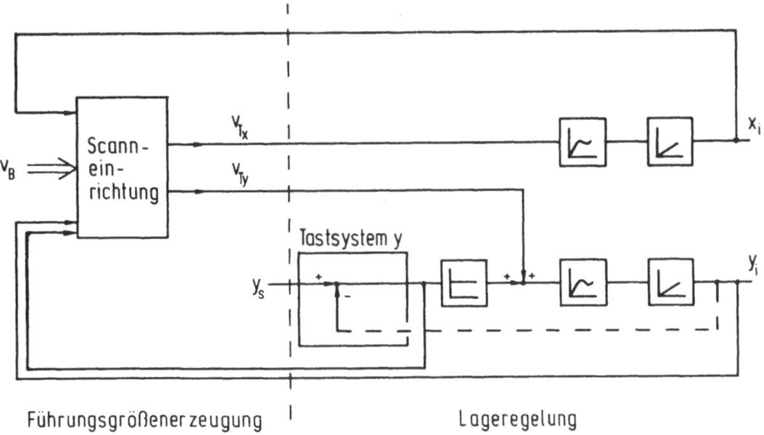

Bild 4.8: Quasi-zweiachsiges Scannen

der Scanneinrichtung vorgegebenen Vorzugsgeschwindigkeit gesteuert bewegt. Die Y-Geräteachse wird durch eine Antastregelung dem Meßobjekt nachgeführt. Bei dieser Art des Scannens ist der Arbeitsbereich ähnlich wie beim einachsigen Scannen eingeschränkt. Der Nachteil einer von der Form des Meßobjektes abhängigen Bahngeschwindigkeit wird jedoch vermieden.

Dreiachsiges Scannen

Ein dreiachsiges Scannen ist auf Koordinatenmeßgeräten mit nur drei Geräteachsen nicht sinnvoll. Beim dreiachsigen Scannen wären vom Meßobjekt vorgegebene Lagesollwerte in drei Geräteachsen einzustellen. Dies würde bedeuten, daß beliebige Raumformen ohne Führung selbständig gescannt werden. Zur Erzeugung von reproduzierbaren Bahnen muß aber der Scannvorgang durch Schnittebenen in einzelne Schritte zerlegt werden. Durch eine solche Schnittebene legt man immer einen Freiheitsgrad fest, so daß für ein Antastregelung beim Scannen nur noch zwei Geräteachsen zur Verfügung stehen.

4.3 Einsatz der Verfahren zur Steuerung der Geräteachsen an Koordinatenmeßgeräten

An Koordinatenmeßgeräten finden die in diesem Kapitel erläuterten Verfahren zur Führungsgrößenerzeugung Anwendung. In der Tabelle 4.1 sind die für die jeweiligen Steuerfunktionen erforderlichen Verfahren zur Bahnerzeugung eingetragen.
Die ersten Steuerungen an Koordinatenmeßgeräten wurden nur als Punkt- oder Streckensteuerungen ausgeführt. Diese Steuerungen waren in diskreter Schaltungstechnik aufgebaut. Sie besaßen häufig keine Lageregelung, so daß der Auswerterechner auch Positionsüberwachungsaufgaben auszuführen hatte.
Für moderne Koordinatenmeßgeräte werden heute CNC entwickelt, die alle Geräteachsen bahngesteuert positionieren können und die Steuerfunktionen für messende und schaltende Tastsysteme besitzen.

Steuerfunktion \ Verfahren		Punkt-steuerung	Strecken-steuerung	Bahn-steuerung	Bahn-regelung
Positionieren	I	●	●	●	●
	II	●	—	●	●
	III	●	—	●	---
dynamisches Antasten von Einzelpunkten	I	—	●	●	●
	II	—	—	●	●
	III	—	—	●	---
statisches Antasten von Einzelpunkten	I	—	○	○	●
	II	—	—	○	●
	III	—	—	○	---
nullachsiges Scannen	I	—	●	●	●
	II	—	—	●	●
	III	—	—	●	---
einachsiges Scannen	I	—	○	○	●
	II	—	—	○	●
	III	—	—	○	---
zweiachsiges Scannen ohne Zustellachse	II	○	○	○	●
zweiachsiges Scannen mit Zustellachse	I	—	○	○	●
	II	—	—	○	●
	III	—	—	○	---

Bedeutung der Symbole:

I: nur in Richtung der Geräteachse
II: nur in einer Geräteebene (X/Y, Y/Z, X/Z)
III: in beliebiger Richtung

●: möglich
○: nur mit Bahnregelung in vom Tastsystem gesteuerten Achsen
—: nicht möglich
---: theoretisch möglich, aber zu komplizierte Algorithmen

Tabelle 4.1: Verfahren zur Sollwerterzeugung für verschiedene Steuerfunktionen

Geht man von den für Werkzeugmaschinen verfügbaren Steuerungen aus, so erfordert die ausschließliche Anwendung der Bahnregelung eine völlige Neuentwicklung der Bahnerzeugung. Für zweiachsige Probleme zeichnet sich das Konzept der Bahnregelung durch einen geringeren Rechenaufwand in der Steuerung und durch höhere Bahngenauigkeit aus /33/. Verwendet man mehr als zwei - simultan zu verfahrende Achsen, so entstehen bei der Bahnrege-

lung in der Steuerung kompliziertere Algorithmen, die nur mit erheblichem Aufwand realisierbar sind.
Für den allgemeinen Fall eines Systems mit mehr als zwei simultan gesteuerten Achsen verwendet man deshalb an Koordinatenmeßgeräten eine konventionelle Bahnsteuerung mit einer zusätzlichen Bahnregelung für die vom Tastsystem gesteuerten Achsen.

4.4 Offene Probleme bei der Steuerung der Geräteachsen

Die vorgestellten Verfahren zur Steuerung der Geräteachsen beschreiben die bekannten Möglichkeiten zur Lageeinstellung und zeigen die Strukturen der Lageregelkreise.
Beim Scannen wurden bisher die vom Nachformen bekannten Verfahren zur Führungsgrößenerzeugung eingesetzt. Da an Koordinatenmeßgeräten die Koordinatenwerte der Antastpunkte genau bekannt sind, ergeben sich neue Möglichkeiten zur Ermittlung der Führungsgrößen aus Antastpunkten. Ein Ziel dieser Arbeit ist es daher in einer Scanneinrichtung einsetzbare mathematische Verfahren zur Ermittlung der Vorzugsgeschwindigkeit zu entwickeln und ihre Leistungsmerkmale zu untersuchen.
Ein wichtiges Leistungskriterium einer Steuerung sind die bei der Lageeinstellung mit messenden Tastsystemen auftretenden Bahnabweichungen. Diese Bahnabweichungen sollen anhand verschiedener Testbahnen, mit dem Ziel der Optimierung der Parameter des Lageregelkreises berechnet und beim Scannen von Meßobjekten gemessen werden.
Weiter soll das als Meßwerterfassung bezeichnete Speichern der Antastkoordinaten untersucht werden. Dazu müssen die Steuerfunktionen zum Bewegen der Geräteachsen bei der Meßwerterfassung und für die Einstellung der Antastkraft entwickelt werden.
Zunächst werden die steuerungstechnischen Anforderungen für die verschiedenen an Koordinatenmeßgeräten eingesetzten Tastsysteme mit dem Ziel diskutiert, daraus für den Einsatz in Mehrprozessor-Steuersystemen geeignete Lösungen zu entwickeln.

5 Untersuchung der Tastsysteme

Das Tastsystem stellt den Bezug zwischen dem Meßobjekt und den Koordinatenachsen des Meßgerätes her. In Koordinatenmeßgeräten werden heute zum Prüfen von dreidimensionalen Meßobjekten ausschließlich berührende Tastsysteme eingesetzt. Nur sie ermöglichen die an verschiedenartigen Meßobjekten geforderten kleinen Meßunsicherheiten. Je nach dem Funktionsprinzip des verwendeten Tastsystems ergeben sich beim Bewegen der Geräteachsen, beim Erzeugen der Antastkraft und beim Erfassen der Antastpunkte unterschiedliche Steuerungsaufgaben. Um die Anforderungen an eine Steuerung für die verschiedenen Tastsysteme zu ermitteln und um daraus steuerungstechnische Lösungen zu entwickeln, werden zunächst die Tastsysteme untersucht.
Bei handgeführten Koordinatenmeßgeräten können einfachste, aus einem starren Taststift bestehende Tastsysteme eingesetzt werden. Starre Taststifte werden vor der Meßwertübernahme von Hand an das Meßobjekt geführt. Nach der visuellen Erkennung der Antastung wird die Übernahme der Meßwerte von Hand ausgelöst. Als Meßwert werden die Positionen der Geräteachsen erfaßt. Motorisch angetriebene Koordinatenmeßgeräte benötigen auslenkbare Taststifte. Man unterscheidet zwischen schaltenden und messenden Tastsystemen.

5.1 Schaltende Tastsysteme

5.1.1 Wirkungsweise und Aufbau von schaltenden Tastsystemen

Schaltende Tastsysteme wirken dynamisch. Während der Bewegung der Geräteachsen wird bei der Berührung des Taststiftes mit dem Meßobjekt ein Meßpunkt erfaßt. Dazu werden im Zeitpunkt der Antastung die Positionswerte der Geräteachsen übernommen. Die zur dynamischen Meßwertübernahme notwendigen Steuerabläufe 1 bis 4 sind im Bild 5.1 dargestellt.
In schaltenden Tastsystemen ist eine Antasterkennung und eine Knickstelle erforderlich. Die Knickstelle läßt den erforderlichen Auslenkweg des Taststiftes zu, der zum Stillsetzen der

Antriebe nach einer Berührung des Taststiftes mit dem Meßobjekt notwendig ist. Entsprechend den Freiheitsgraden der Knickstelle spricht man von ein- bis dreidimensionalen Tastsystemen.

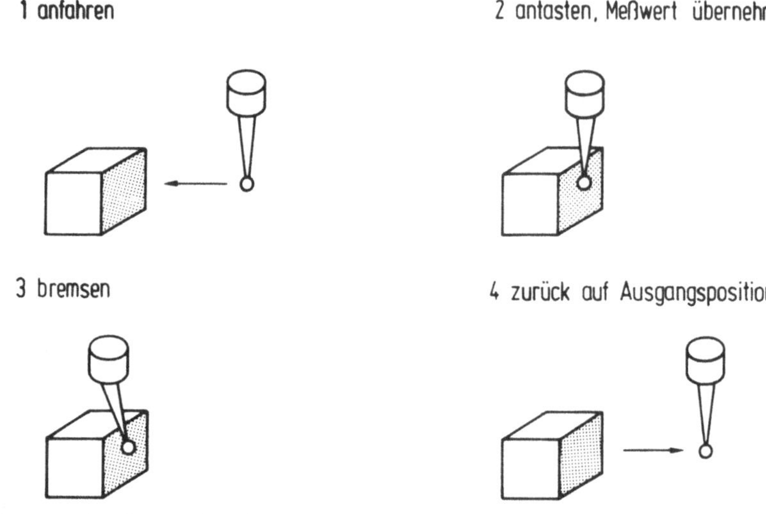

Bild 5.1: Meßzyklus bei dynamischer Meßwertübernahme

Zur Antasterkennung setzt man elektrische /36/ oder elektronische /4/ Schalter ein, die bei einer Antastung betätigt werden. Weiter können auch elektrische Kontakttastsysteme verwendet werden. Sie erkennen eine Antastung durch das Schließen eines Stromkreises zwischen Meßobjekt und Tastsystem /37/. Die dabei erforderlichen Antastkräfte sind, wie in /38/ untersucht wurde, sehr gering. Praktisch scheitert die Einsatzfähigkeit dieser Tastsysteme jedoch bei nicht elekrisch leitfähigen Meßobjekten.
Bild 5.2 zeigt den mechanischen Aufbau und das Funktionsprinzip eines Tastsystems mit eingebautem elektrischen Schalter. Bei der hier dargestellten, vereinfachten Lagerung der Schaltplatte kann die Meßkraft über eine vorgespannte Feder eingestellt werden. Die elektrischen Kontakte werden so geschaltet, daß der Stromkreis bei einer Auslenkung des Taststiftes in beliebiger Richtung unterbrochen wird.

kinematischer Aufbau

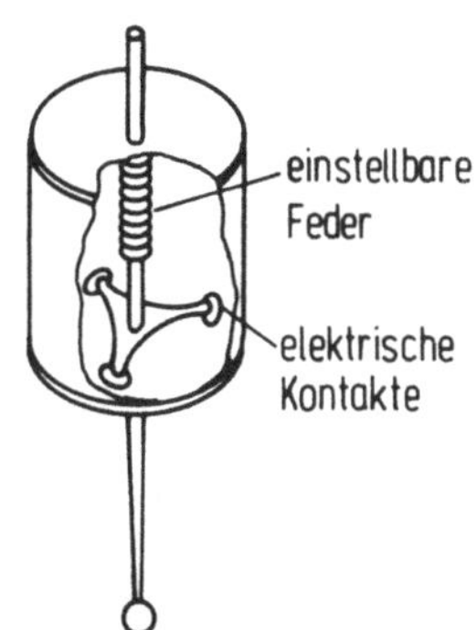

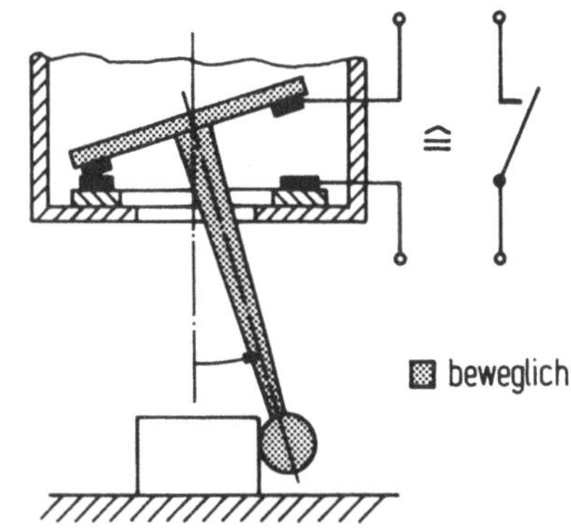

Bild 5.2: Aufbau und Funktionsprinzip eines schaltenden Tastsystems

<u>Unsicherheit von schaltenden Tastsystemen</u>

Das Tastsystem hat einen wesentlichen Einfluß auf die Unsicherheit einer Koordinatenmeßanlage. Es vergrößert den längenunabhängigen Anteil der Meßunsicherheit durch die unvermeidbaren Toleranzen in der Mechanik des Tastsystems und die Biegung der Taststifte. Die Taststiftdurchbiegung verändert die Taststiftlänge und den wirksamen Tastkugelradius. Eine rechnerische Korrektur dieses Effektes kann, wie in /39/ untersucht, durch die Vermessung des Antastverhaltens für einen bestimmten Taststift vorgenommen werden.
Als Kenngröße für schaltende Tastsysteme wird eine Schaltpunktunsicherheit angegeben. Sie wird hauptsächlich durch Umkehrspannen, Laufzeitfehler oder durch Prellen der Schaltkontakte verursacht.

5.1.2 Steuerungsanforderungen bei der Meßwerterfassung mit schaltenden Tastsystemen

Bei der Meßwerterfassung mit schaltenden Tastsystemen müssen gleichzeitig mit der Änderung des elektrischen Signals des Tastsystems die Koordinatenwerte der Geräteachsen übernommen werden. Deshalb werden an die Steuerung folgende Anforderungen gestellt:

- Die Koordinatenwerte müssen gespeichert werden, bevor sich die Geräteachsen um ein Inkrement der Wegmeßsysteme weiterbewegt haben. Bei einer Geschwindigkeit von v = 3m/min und einer Wegauflösung von 1μm pro Inkrement müssen die Koordinatenwerte innerhalb von 20μs erfaßt werden.
- Das von einem elektrischen Kontakt erzeugte Antastsignal muß so entprellt werden, daß die Positionswerte beim ersten Öffnen des Kontaktes gespeichert werden.
- Störungen des Antastsignals, die durch Erschütterungen des Tastsystems entstehen müssen unterdrückt werden.

Die oben genannten zeitkritischen Aufgaben bei der Meßwerterfassung erfordern eine Unterstützung der Mikrorechnerbausteine durch eine Logikschaltung. Mit dieser Logikschaltung sind die Zählerstände der Achspositionszähler beim Eintreffen des Antastsignals in Registern so zu speichern, daß sie von einem Mikroprozessor zeitlich entkoppelt gelesen werden können.

Bei der Steuerung der Geräteachsen sind die nachfolgenden Gesichtspunkte zu beachten:

- Um beim Bewegen der Geräteachsen Auslenkungen des Taststiftes (Luftantastungen) zu vermeiden, ist ein beschleunigungsgesteuertes Anfahren und Bremsen erforderlich. Auch im Eilgang darf eine maximale Beschleunigung nicht überschritten werden.
- Das Antasten von Meßpunkten muß mit definierter Geschwindigkeit erfolgen.
- Bei Kollisionen des Taststiftes ist die Bewegung der Geräte-

achsen innerhalb des Auslenkweges des Taststiftes anzuhalten. Ein erneutes Bewegen in Kollisionsrichtung muß verhindert werden.

Für die Führungsgrößenerzeugung an Koordinatenmeßgeräten mit schaltenden Tastsystemen ist ein Bahnsteuerungsmodul mit einem beschleunigungsgesteuerten Anfahren und Bremsen zu entwickeln, der die für die Meßwertübernahme benötigten Steuerabläufe (vgl. Bild 5.1) ermöglicht, und der eine Kollisionsüberwachung für das Tastsystem durchführen kann.

5.2 Messende Tastsysteme

5.2.1 Wirkungsweise und Aufbau von messenden Tastsystemen

Messende Tastsysteme unterscheiden sich von schaltenden Tastsystemen durch die quantitative Erfassung der Taststiftauslenkung. Sie sind in einer oder mehreren Tastsystemachsen auslenkbar.
Die Tastsystemachsen können als lineare oder rotatorische Achsen ausgeführt sein. In jeder Achse sind Kraftgeneratoren und Wegmeßsysteme zur Erfassung der Auslenkung des Taststiftes eingebaut /40/. Das Bild 5.3 zeigt vereinfacht den Aufbau und das Funktionsprinzip eines messenden Tastsystems mit drei linearen Tastsystemachsen.
Mit messenden Tastsystemen können Meßpunkte statisch oder dynamisch erfaßt werden. Dynamisch können Einzelpunkte in Meßzyklen angetastet werden, wie dies für schaltende Tastsysteme erläutert wurde. Beim Scannen werden dynamisch mehrere Antastpunkte nacheinander gespeichert. Die Koordinatenwerte der Antastpunkte berechnen sich durch Addition der Position des Tastsystemgehäuses und der Auslenkung des Taststiftes.

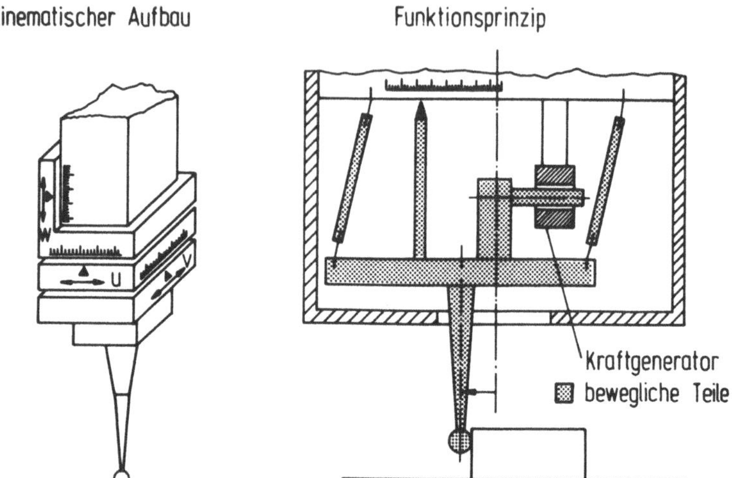

Bild 5.3: Aufbau und Funktionsprinzip eines messenden Tastsystems

Wegmeßsysteme

In den messenden Tastsystemen werden bisher häufig induktive Wegmeßsysteme verwendet. Sie erzeugen bei kleinen Auslenkungen eine Spannung, die proportional zur Auslenkung ist. Solche Wegmeßsysteme werden bei kleinen Taststiftauslenkungen und bei Nullagetastsystemen eingesetzt. Für größere Meßbereiche sind diese Wegmeßsysteme wegen der dann auftretenden Nichtlinearitäten ungeeignet.
Inkrementelle Wegmeßsysteme, wie sie bei den Bewegungsachsen des Meßgerätes verwendet werden, sind vorteilhafter. Sie zeigen ein lineares Verhalten über den gesamten Auslenkbereich. Die Digitalisierung der Wegsignale wird vom Wegmeßsystem selbst durch die Umsetzung in inkrementelle Zählimpulse durchgeführt. Dabei werden keine zusätzlichen Analog- /Digitalwandler benötigt.

Kraftgeneratoren

Neben den Wegmeßsystemen sind Kraftgeneratoren in den Achsen des Tastsystems zum Erzeugen der Antastkraft erforderlich. Sie erlauben es, eine vektorielle Kraft einzustellen.
Wie bei schaltenden Tastsystemen üblich, können hierfür auch in messenden Tastsystemen vorgespannte Federn /41/ oder Membranfedern /42/ verwendet werden. Soll eine Antastkraft unabhängig von der Auslenkung eingestellt werden, so verwendet man elektrisch steuerbare Kraftgeneratoren /4, 43/.

Kraftmeßeinrichtung

Mechanisch aufwendigere Tastsysteme besitzen zusätzlich eine Kraftmeßeinrichtung /43/. Mit Hilfe dieser Kraftmeßeinrichtung kann die wirksame Antastkraft direkt erfaßt und durch einen unterlagerten Kraftregler geregelt werden. Bei den hier angestellten Betrachtungen wird jedoch von Tastsystemen ohne Kraftmeßeinrichtung ausgegangen, so daß die wirksame Antastkraft indirekt über die Wegmeßsysteme aus einem Zusammenhang zwischen der Taststiftauslenkung und der wirksamen Antastkraft ermittelt werden muß.

5.2.2 Regelungstechnisches Modell von messenden Tastsystemen

Eine systematische Untersuchung von Tastsystemen erfordert ein regelungstechnisches Modell der im Tastsystem wirksamen Kräfte. Ein Tastsystem kann mit den drei Baugruppen Feder, Masse und Kraftgenerator beschrieben werden.
Die Feder stellt die Lagerung der Tastschaukel dar. Sie erzeugt eine zur Auslenkung proportionale Rückstellkraft $F_F = C_F \cdot L$. Reibungseffekte in der Lagerung der Tastschaukel werden bei dem Modell vernachlässigt. Diese Vereinfachung ist für die Betrachtung der Steuerfunktionen zulässig, da eine entsprechende Konstruktion der Lagerung die Reibungskräfte gering hält; sie würden bei der Auslenkung des Taststiftes nicht reproduzierbare

Kräfte erzeugen, die die Unsicherheit des Tastsystems erhöhen. Der Einfluß der Masse der Tastschaukel wird durch die Trägheitskraft $F_T = m \cdot \ddot{L}$ beschrieben. Die dritte Baugruppe, der Kraftgenerator ist im Bild 5.4 als magnetische Kraftspule skizziert. Sie erzeugt die Magnetkraft $F_I = C_I \cdot U$. Durch die in den Klemmen der Spule eingeprägte Spannung U entsteht bei einer Bewegung der Tastschaukel eine zur Auslenkgeschwindigkeit proportionale Dämpfungskraft $F_D = C_V \cdot \dot{L}$.

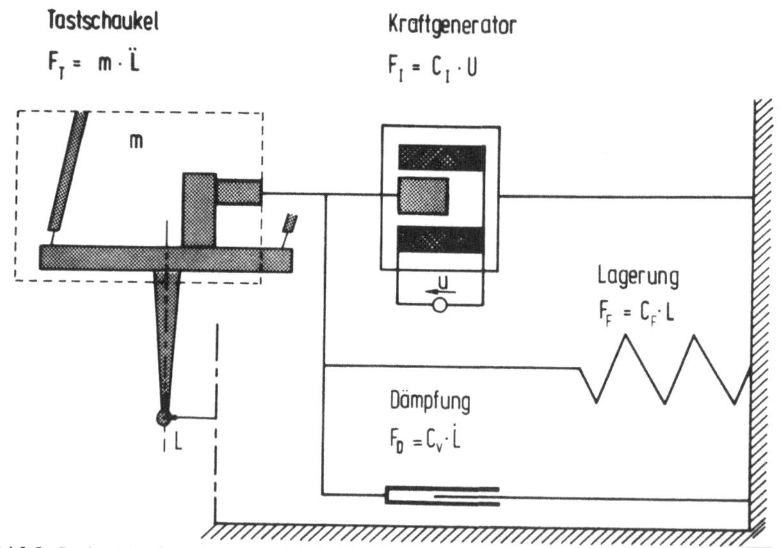

Bild 5.4: Mechanisches Modell des Tastsystems

5.2.2.1 Modell eines frei beweglichen Tastsystems

Aus dem angenommenen mechanischen Modell des Tastsystems läßt sich bei einem frei beweglichen Tastsystem folgende Differentialgleichung aufstellen:

$$m \ddot{L} + C_V \dot{L} + C_F L = F_I \, . \tag{5.1}$$

Normiert man diese Gleichung mit:

$$l = \frac{L}{L_0}, \; f = \frac{F}{F_{I0}}, \; \frac{F_{I0}}{C_F \cdot L_0} = 1, \tag{5.2}$$

und führt sie durch eine Laplacetransformation in den Frequenzbereich über, so erhält man die Übertragungsfunktion des Tastsystems. Sie beschreibt den Zusammenhang zwischen der Taststiftauslenkung l und der von den Kraftgeneratoren erzeugten Magnetkraft f_I. Ein Verzögerungsglied 2. Ordnung charakterisiert das Übertragungsverhalten:

$$F = \frac{1}{1 + 2DTs + T^2s^2} \; . \tag{5.3}$$

Die Dämpfung D und die Zeitkonstante T ist aus den Kenngrößen des Tastsystems m, C_V, C_F berechenbar:

$$D = \frac{C_V}{2\sqrt{C_F m}}, \qquad T^2 = \frac{m}{C_F} \; . \tag{5.4}$$

Dieses Verzögerungsglied 2. Ordnung entsteht, wie in Bild 5.5 dargestellt, durch die Kombination von zwei I-Gliedern. Die Rückkopplung der Geschwindigkeit $\dot{l}$ wird durch die Dämpfung und die Rückkopplung des Weges l über die Feder herbeigeführt.

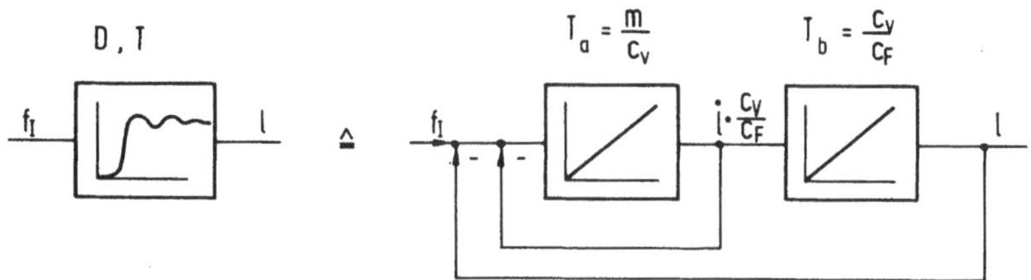

Bild 5.5: Regelungstechnisches Ersatzschaltbild des Tastsystems

Fehlt die Dämpfung oder die Federcharakteristik der Lagerung, so ergeben sich die im Bild 5.6 dargestellten Ersatzschaltbilder mit den zugehörigen Übertragungsfunktionen.

	ohne Dämpfung	ohne Feder	ohne Dämpfung und ohne Feder
Differential-gleichung	$m \cdot \ddot{L} + C_F \cdot L = F_I$	$m \cdot \ddot{L} + C_V \cdot \dot{L} = F_I$	$m \cdot \ddot{L} = F_I$
Übertragungs-funktion	$\frac{1}{1+s^2T^2}$	$\frac{1}{1+sT_a} \cdot \frac{1}{sT_b}$	$\frac{1}{s^2T^2}$
Parameter	$T = \sqrt{\frac{m}{C_F}}$	$T_a = \frac{m}{C_V}$, $T_b = C_V \cdot \frac{L_0}{F_{I0}}$	$T = \sqrt{\frac{m \cdot L_0}{F_{I0}}}$
Ersatz-schaltbild	f_I, T, T, l	f_I, T_a, T_b, l	f_I, T, T, l

Bild 5.6: Ersatzschaltbilder des Tastsystems ohne Dämpfung bzw. ohne Feder

In der hier gewählten Darstellung wird durch die Normierung nach Gleichung 5.2 auf Faktoren in den Rückkopplungszweigen verzichtet, so daß die Kenngrößen der einzelnen Übertragungsglieder unabhängig von den Rückkopplungszweigen berechenbar sind.
Aus den Ersatzschaltbildern erkennt man, daß das Tastsystem, auch wenn einzelne Übertragungsglieder fehlen, durch zwei rückgekoppelte I-Glieder bestimmt ist und damit ein Übertragungsglied 2. Ordnung darstellt.

Identifikation des Tastsystems

Zur Überprüfung des für das Tastsystem angenommenen vereinfachten Modells wurde das Übertragungsverhalten eines einachsigen Tastsystems mit einem Frequenzgangmeßplatz gemessen. Das Bild 5.7 zeigt das dabei aufgenommene Bodediagramm.
Diese Messung bestätigt, daß das reale Übertragungsverhalten des Tastsystems im wesentlichen durch ein Verzögerungsglied 2. Ordnung und durch ein Totzeitglied bestimmt wird. Die Parameter der Übertragungsglieder wurden durch Vergleich des gemessenen

Bodediagramms mit den in /44/ angegebenen Amplituden- und Phasengängen ermittelt.

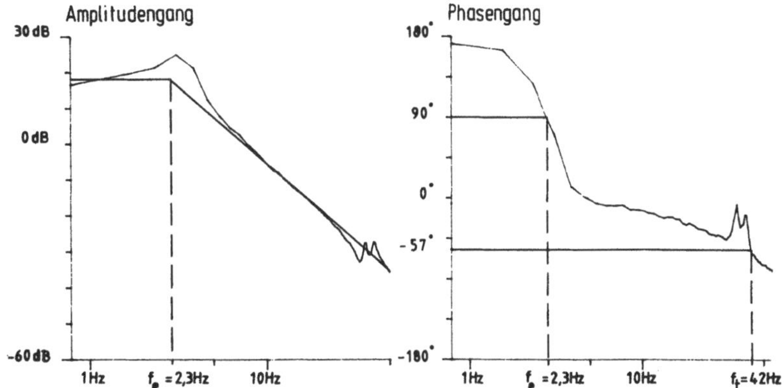

Bild 5.7: Bodediagramm des Tastsystems

Aus der bei einer Phasenverschiebung von 90 Grad ablesbaren Eckfrequenz f_e ergibt sich die Zeitkonstante T des Verzögerungsgliedes 2. Ordnung zu:

$$T = \frac{1}{\omega_e} = \frac{1}{2\pi f_e} = 69 \text{ ms.} \tag{5.5}$$

Aus dem Anstieg der Betragskennlinie wird auf eine Dämpfung von D = 0,25 geschlossen. Die Zeitkonstante T_t des Totzeitgliedes ($|F(\omega)| = 1$, $\varphi(\omega) = -T_t\omega$) wurde aus dem Phasengang für die Frequenz $\omega_t{}^{-1} = T_t$ bei:

$$\varphi(\omega_t) = \frac{360^o}{2\pi} = 57^o \text{ zu } T_t = \frac{1}{2\pi f_t} = 3{,}8 \text{ ms} \tag{5.6}$$

abgelesen. Das Bild 5.8 zeigt das auf diese Weise gemessene Ersatzschaltbild mit Totzeitglied. Das Totzeitglied kann vernachlässigt werden, wenn seine Zeitkonstante wie hier wesentlich kleiner als die des Verzögerungsgliedes ist.

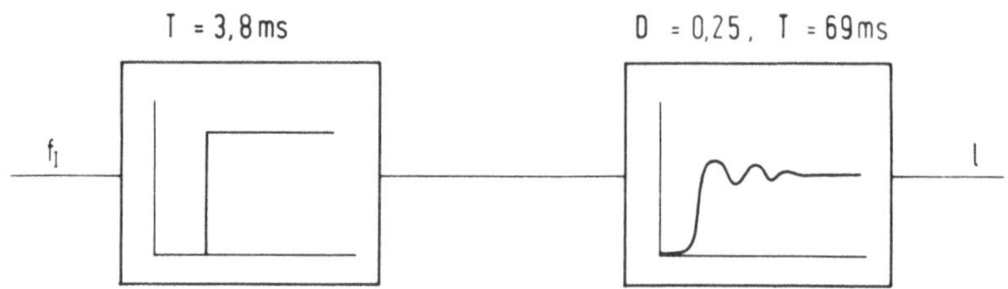

Bild 5.8: Gemessenes Ersatzschaltbild des Tastsystems

5.2.2.2 Modell eines angetasteten Tastsystems

Beim Antasten berührt die Tastkugel das Meßobjekt, so daß die Geschwindigkeit $\dot{L}$ und damit auch die Auslenkung L des Taststiftes durch die Bewegung des Tastsystemgehäuses eingeprägt werden. Das Bild 5.9 zeigt das mechanische Modell eines angetasteten Tastsystems.

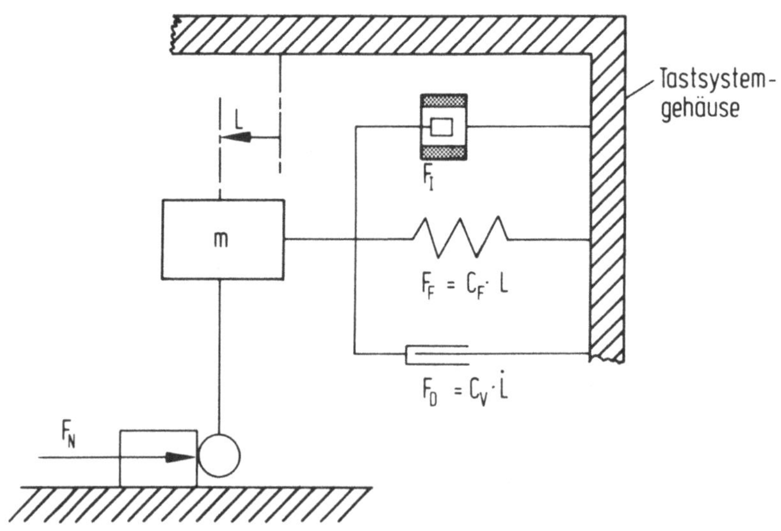

Bild 5.9: Mechanisches Modell eines angetasteten Tastsystems

Die wirksame Antastkraft F_N ergibt sich aus der Kraft F_I der Kraftgeneratoren, der Dämpfungskraft $\dot{L}\cdot C_V$ und der Federkraft $L\cdot C_F$. Da das Tastsystem relativ zu einem ruhenden Meßobjekt bewegt wird, kommen die Massenkräfte der Tastschaukel nicht zur Wirkung.
Für die Antastkraft gilt die Differentialgleichung:

$$F_N = F_I - C_F\cdot L - C_V\cdot\dot{L} \tag{5.7}$$

Mit der Normierung nach Gleichung 5.2 ergibt sich:

$$f_N = f_I - l - \frac{C_V}{C_F}\cdot\dot{l} \tag{5.8}$$

Das zugehörige regelungstechnische Ersatzschaltbild ist im Bild 5.10 dargestellt.

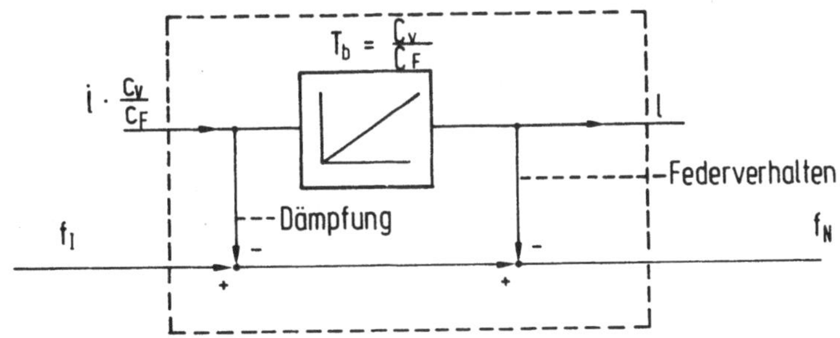

Bild 5.10: Ersatzschaltbild eines angetasteten Tastsystems

5.2.3 Betriebszustände des Tastsystems

Das Tastsystem eines Koordinatenmeßgerätes hat, entsprechend den aktuellen Steuerfunktionen für die Geräteachsen, verschiedene Aufgaben zu erfüllen. In allen Betriebszuständen muß die Auslenkung des Taststiftes überwacht werden. Bei zu großer Taststiftauslenkung ist es Aufgabe einer Kollisionsüberwachung in der Steuerung die Bewegungsvorgänge der Geräteachsen abzubrechen. Auf diese Weise wird sichergestellt, daß das Koordinatenmeßgerät durch fehlerhafte Teileprogramme oder durch Bedienungsfehler nicht beschädigt werden kann.

Vorauslenken des Taststiftes

Wegen der großen bewegten Massen an einem Koordinatenmeßgerät und der kleinen zulässigen Auslenkwege des Taststiftes, genügt bei schnellen Positioniervorgängen der als Bremsweg zur Verfügung stehende einfache Auslenkweg des Taststiftes nicht zum Stillsetzen der Antriebe. Durch Vorauslenken kann der Bremsweg verdoppelt werden. Dabei wird der Taststift abhängig von der Verfahrgeschwindigkeit in Richtung der Verfahrbewegung ausgelenkt.

Erzeugen der Antastkraft

Eine Erfassung von Antastkoordinaten ist nur sinnvoll, wenn dabei eine definierte Antastkraft erzeugt wird. Die Antastkraft führt abhängig von der Geometrie des Taststiftes zu einer Taststiftdurchbiegung und zu einer Änderung des wirksamen Tastkugelradius. Eine Kompensation der Taststiftdurchbiegung, wie in /45/ angegeben, ist nur möglich, wenn die Antastkraft bekannt ist.
Um ein Abgleiten der Tastkugel vom Meßobjekt zu vermeiden, muß die Antastkraft senkrecht zum Meßobjekt gerichtet sein. Die Abweichung der Antastkraft von der Normalenrichtung muß immer kleiner sein als die vom Meßobjekt auf die Tastkugel übertragbare Haltekraft. Für die wirksame Antastkraft ergibt sich daher

der in Bild 5.11 dargestellte Toleranzkegel. Die Reibungsverhältnisse bestimmen den Öffnungswinkel α des Toleranzkegels. Je nach Reibungskoeffizient μ_R ergeben sich Winkel zwischen 5 und 20 Grad.

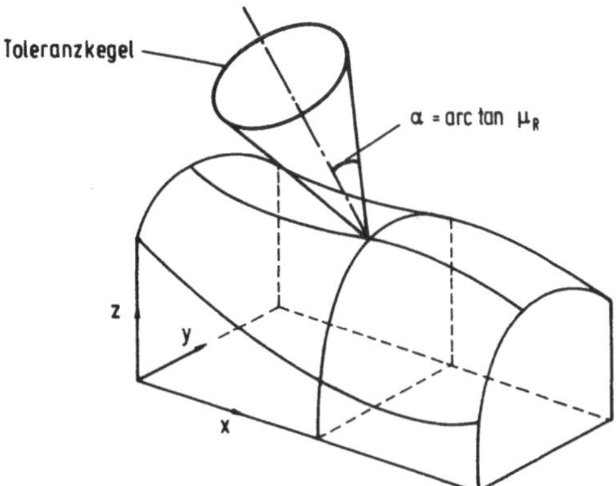

Bild 5.11: Toleranzkegel der Antastkraft

Mit steuerbaren Kraftgeneratoren kann unabhängig von der Auslenkung des Taststiftes eine vorgegebene Antastkraft eingeprägt werden.
In Tastsystemen mit nur einem Freiheitsgrad kann dies in einer Achsrichtung erfolgen. Die anderen Komponenten der Antastkraft werden von den Führungen des Tastsystems aufgebracht. Ihr Betrag hängt von der Orientierung der angetasteten Fläche ab /46/.
Beim Einsatz von zwei- und dreiachsigen Tastsystemen kann mit den Kraftgeneratoren eine vektorielle Antastkraft eingeprägt werden. Dabei ist die Richtung der Antastkraft immer innerhalb des in Bild 5.11 dargestellten Toleranzkegels einzustellen. Durch die Vorgabe von zwei oder allen drei Kraftkomponenten sind die wirksamen Antastkräfte bekannt, so daß die Taststiftdurchbiegung mehrachsig korrigiert werden kann.
Beim Scannen eines Meßobjektes sind die Kraftgeneratoren so zu steuern, daß die Tastkugel an der Oberfläche des Meßobjektes geführt wird. Dabei ist die senkrecht auf das Meßobjekt gerichtete Antastkraft zu erzeugen, und die bei einer Bewegung

der Tastkugel entstehende Reibungskraft zu überwinden. Ein Verharren oder Abgleiten der Tastkugel wird vermieden, wenn die Kraftgeneratoren einer tangential zum Meßobjekt gerichteten Auslenkung entgegenwirken.

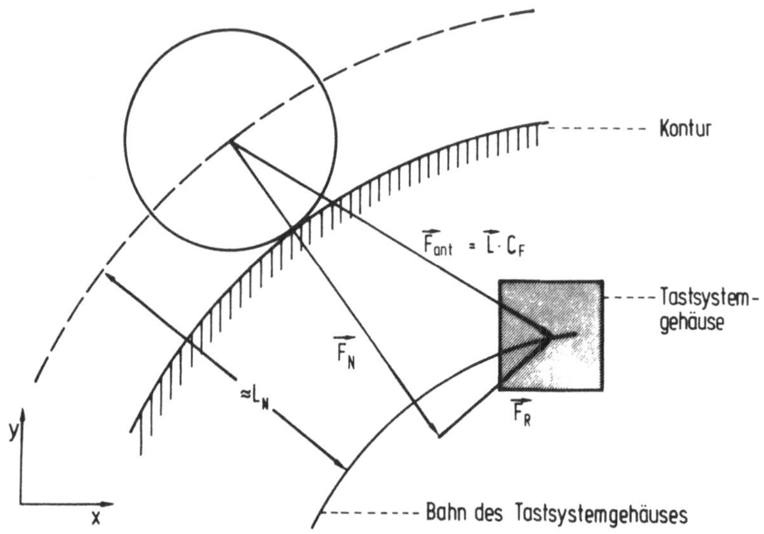

Bild 5.12: Einstellen der Antastkraft mit einer Federcharakteristik im Tastsystem

In Tastsystemen mit eingebauten mechanischen Federn ist diese Voraussetzung erfüllt, denn es entsteht eine zur Auslenkung proportionale Antastkraft. Der senkrecht auf das Meßobjekt gerichtete Anteil der Antastkraft läßt sich über die Position des Tastsystemgehäuses vorgeben.

Das Bild 5.12 zeigt die zur Erzeugung der Antastkraft beim Scannen einzustellende Bahn des Tastsystemgehäuses. Die Bahn des Gehäusemittelpunktes ist entsprechend der Antastkraft zur Bahn des Tastkugelmittelpunktes versetzt. Der Versatz der Bahn des Tastsystemgehäuses wird von der Antastregelung eingestellt, wenn die gewünschte Taststiftauslenkung $\vec{L}_N=(L_{Nx}, L_{Ny})$ als Sollwert vorgegeben wird:

$$\vec{L}_N = \vec{N}_e \left(\frac{F_N}{C_F} - r\right) . \qquad (5.9)$$

In Gleichung 5.9 ist $\vec{N}_e$ der Einheitsvektor der Normalenrichtung, r der Tastkugelradius und C_F die Federkonstante des Tastsystems. Das Bild 5.13 zeigt die Antastregelung für eine Geräteachse mit einem Eingang zur Vorgabe der Taststiftauslenkung.

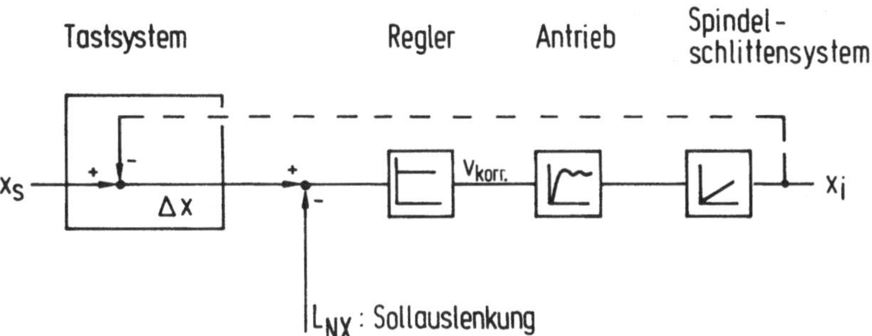

Bild 5.13: Antastregelung für eine Geräteachse mit einem Eingang zur Vorgabe der Taststiftauslenkung

Da die effektiv wirksame Antastkraft $\vec{F}_{ant}$ von der Reibungskraft $\vec{F}_R$ abhängt, kann sie nicht genau vorgegeben werden. Sie kann aber im statischen Fall aus der Auslenkung des Taststiftes abgeschätzt werden:

$$\vec{F}_{ant} = \vec{F}_N + \vec{F}_R \approx \vec{L} \cdot C_F . \qquad (5.10)$$

Mit elektrisch steuerbaren Kraftgeneratoren kann durch die Überlagerung einer vektoriellen Antastkraft $\vec{F}_N$ (vgl. Kapitel 5.2.4.3) die senkrecht auf das Meßobjekt gerichtete Auslenkung des Taststiftes kompensiert werden, so daß die beim Scannen einzustellende Bahn des Tastsystemgehäuses unabhängig von der aufzubringenden Antastkraft wird.

Klemmen

In einem mehrdimensionalen Tastsystem sind die nicht benutzten Freiheitsgrade zu blockieren. Ein solches Klemmen von Tastsystemachsen kann durch steuerbare Sperren oder mit Hilfe der Kraftgeneratoren durchgeführt werden.

Tarieren

Beim Tarieren wird das Gewicht der verschiedenen Taststiftkombinationen kompensiert. Das Tarieren kann von Hand, durch Vorspannen von mechanischen Federn oder automatisch mit Hilfe von steuerbaren Kraftgeneratoren erfolgen. Dabei wird auf die vertikal frei bewegliche Tastschaukel eine Kompensationskraft so aufgebracht, daß diese in ihre Mittenstellung positioniert wird.

5.2.4 Ansteuerung der Kraftgeneratoren

Die Ansteuerung der Kraftgeneratoren gibt entsprechend den Betriebszuständen des Tastsystems die einzustellende Kraft vor. Sie muß eine Steuerung und eine Regelung des Tastsystems nach zwei Führungsgrößen durchführen. Als Führungsgrößen werden sowohl die Auslenkung des Taststiftes als auch die einzustellende Antastkraft vorgegeben.

5.2.4.1 Regelung der Kraftgeneratoren nach der Auslenkung (Tastsystem beweglich)

In den Betriebszuständen Klemmen, Tarieren und Vorauslenken soll von den Kraftgeneratoren eine definierte Auslenkung des Taststiftes eingestellt werden. Das Bild 5.14 zeigt die Struktur einer Regelung der Kraftgeneratoren nach der Auslenkung. Der hier gezeichnete PI-Regler stellt den üblichen Ansatz zur Regelung einer als PT2-Glied anzusetzenden Regelstrecke dar. Der I-Anteil vermeidet bleibende Regelabweichungen in statio-

nären Zuständen.
Um die Dynamik und die Stabilität des Systems zu verbessern, wird zusätzlich ein unterlagerter Regelkreis zur Geschwindigkeitsrückführung eingefügt. Da die Geschwindigkeit der Tastschaukel nicht direkt abgegriffen werden kann, muß sie durch Differenzieren aus der Auslenkung des Taststiftes ermittelt werden. Wegen der feinen Auflösung der Wegmeßsysteme ist dies ohne wesentliche Quantisierungsstörungen möglich.

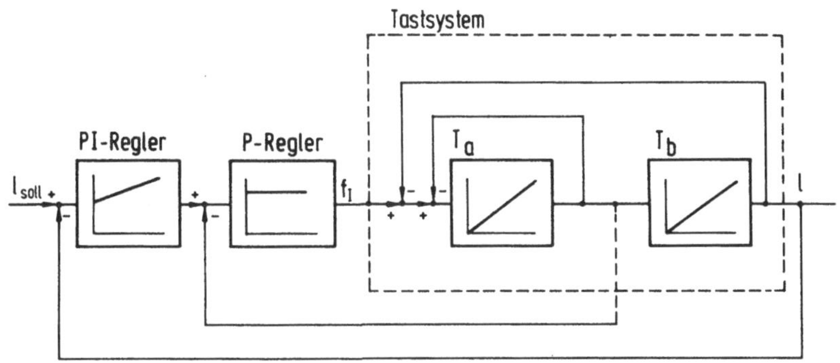

Bild 5.14: Regelung der Kraftgeneratoren nach der Auslenkung

Für die Betriebszustände Vorauslenken und Tarieren sind die Parameter des Reglers auf ein optimales Führungsverhalten einzustellen. Beim Stellen in eine Vorzugslage ist das Störverhalten zu optimieren.

5.2.4.2 Steuerung der Kraftgeneratoren beim Erzeugen der Antastkräfte

Beim Antasten eines Meßobjektes ist die Richtung der Antastkraft durch die Orientierung des Meßobjektes vorgegeben. Dagegen kann ihr Betrag durch die Kraftgeneratoren verändert werden.
Ohne Kraftsensoren im Tastsystem ist eine Regelung der Antastkraft nicht durchführbar. Die wirksame Antastkraft kann nur gesteuert eingestellt werden.

In dieser Steuerkette treten Störgrößen auf, die von der Auslenkung des Taststiftes abhängen. Mit Hilfe des in Bild 5.9 abgeleiteten Modells können diese durch die Dämpfung und das Federverhalten verursachten Störeinflüsse berechnet werden. Das Bild 5.15 zeigt die Kompensation der Störungen durch eine von der Auslenkung des Tastsytems abgeleitete Störgrößenaufschaltung.

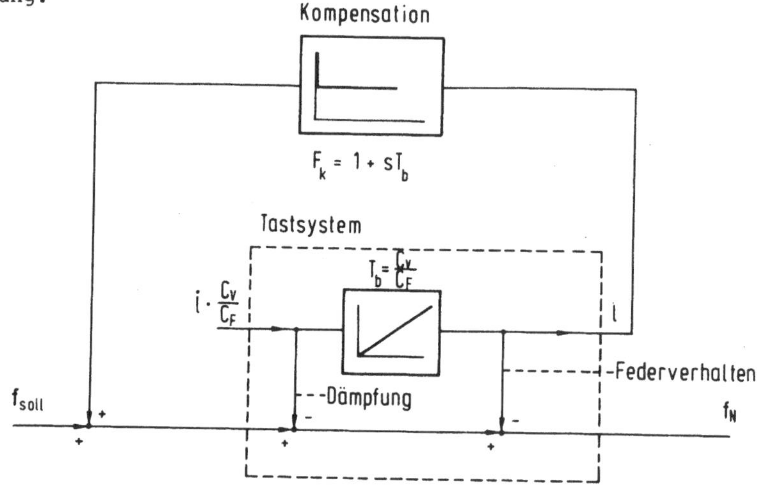

Bild 5.15: Kompensation von Störeinflüssen bei der Steuerung der Kraftgeneratoren

Um die Auslenkung des Taststiftes zu begrenzen, ist es zweckmäßig die Kraftgeneratoren, wie in Bild 5.16 dargestellt nach einer Federcharakteristik zu steuern.
Am Eingang des Regelkreises kann der Nulldurchgang der Kraft- bzw. Wegkennlinie verschoben werden. Die vorzugebende Verschiebung ergibt sich über den Einheitsvektor der Normalenrichtung am Meßobjektes:

$$\vec{F}_{soll} = \vec{N}_e \cdot F_N \quad (5.11)$$

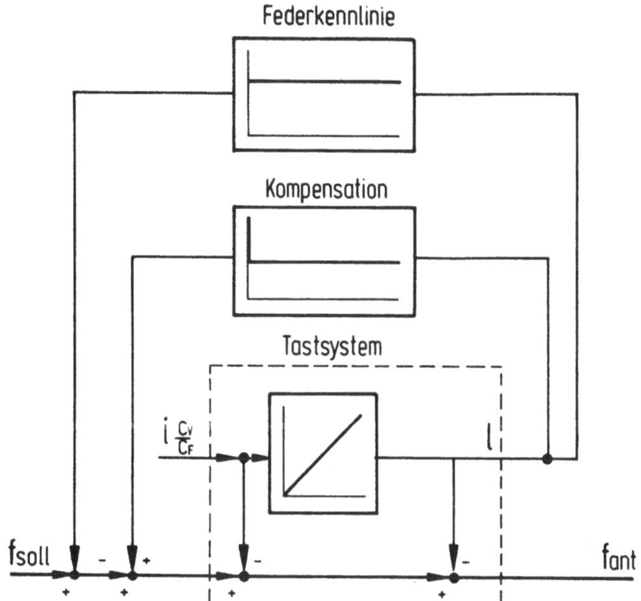

Bild 5.16: Steuerung der Kraftgeneratoren nach einer Federcharakteristik

Auf diese Weise ist eine vektorielle Antastkraft mit einer überlagerten Federkennlinie einstellbar.

5.2.4.3 Steuerung der Kraftgeneratoren eines zweiachsigen Tastsystems beim Scannen

Ein Tastsystem mit zwei Freiheitsgraden ist in tangentialer Richtung zum Meßobjekt wie ein frei bewegliches Tastsystem und in Normalenrichtung als angetastetes Tastsystem zu betrachten. Um diese Annahme zu bestätigen soll der Einfluß des Winkels β auf die wirksame Antastkraft und die Auslenkung des Taststiftes untersucht werden. Das Bild 5.17 zeigt das Tastsystem sowie die Koordinatenrichtungen u', v', die tangential und senkrecht zur Kontur gerichtet sind. Die Kraftgeneratoren wirken in den Koordinatenrichtungen u, v.

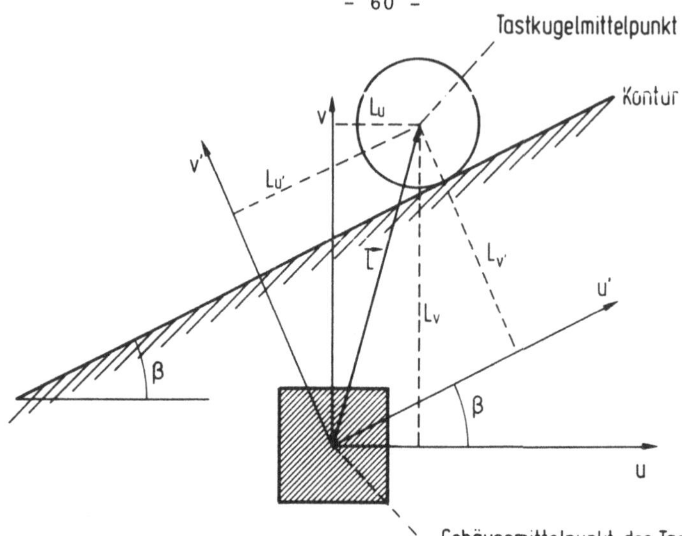

Bild 5.17: Anordnung der Koordinatensysteme

Am Tastsystem auftretende Kräfte $\vec{F}$ und Taststiftauslenkungen $\vec{L}$ können über eine Koordinatentransformation in das nach dem Meßobjekt ausgerichtete Koordinatensystem (u',v') transformiert werden. Es gelten folgende Gleichungen:

<u>u', v' - Koordinaten</u> <u>u, v - Koordinaten</u>

$$\vec{L}' = \begin{pmatrix} L_{u'} \\ L_{v'} \end{pmatrix} = \begin{pmatrix} L_u \cos\beta + L_v \sin\beta \\ -L_u \sin\beta + L_v \cos\beta \end{pmatrix} \qquad \vec{L} = \begin{pmatrix} L_u \\ L_v \end{pmatrix}$$

$$\vec{F}' = \begin{pmatrix} F_{u'} \\ F_{v'} \end{pmatrix} = \begin{pmatrix} F_u \cos\beta + F_v \sin\beta \\ - F_u \sin\beta + F_v \cos\beta \end{pmatrix} \qquad \vec{F} = \begin{pmatrix} F_u \\ F_v \end{pmatrix} . \tag{5.12}$$

Das betrachtete Tastsystem hat in der u- und in der v- Richtung je eine auslenkbare Tastschaukel. Nach dem mechanischen Modell des Tastsystems (vgl. Bild 5.4) werden für die Tastsystemachsen die folgenden Kenngrößen benutzt.

u- Richtung: m_1, c_{I1}, c_{F1}, c_{v1},
v- Richtung: m_2, c_{I2}, c_{F2}, c_{v2}.

In der tangentialen Richtung können die Tastschaukeln bewegt werden. Aus der Kräftebilanz in u'- Richtung ergibt sich nach Gleichung 5.1 folgende Differentialgleichung:

$$\begin{aligned} & m_1\, \ddot{L}_u \cos\beta + m_2\, \ddot{L}_v \sin\beta \\ & C_{v1}\, \dot{L}_u \cos\beta + C_{v2}\, \dot{L}_u \sin\beta \\ & C_{F1}\, L_u \cos\beta + C_{F2}\, L_u \sin\beta = F_{Iu} \cos\beta + F_{Iv} \sin\beta . \end{aligned} \tag{5.13}$$

Sind die Kenngrößen der beiden Tastsystemachsen gleich ($m = m_1 = m_2$, $C_I = C_{I1} = C_{I2}$, $C_F = C_{F1} = C_{F2}$, $C_v = C_{v1} = C_{v2}$), so läßt sich die Gleichung 5.13 umformen zu:

$$m\, \ddot{L}_{u'} + C_v\, \dot{L}_{u'} + C_F\, L_{u'} = F_{Iu'} . \tag{5.14}$$

Die Bilanz der Kräfte in Normalenrichtung ergibt nach dem Modell des angetasteten Tastsystems (vgl. Gl. 5.7) die Beziehung:

$$F_{Nv'} = F_{Iv'} - C_v\, \dot{L}_{v'} - C_F\, L_{v'} . \tag{5.15}$$

Die Gleichungen 5.14, 5.15 gelten für ein Tastsystem mit gleichen Kenngrößen in den u- und v- Koordinatenrichtungen unabhänig vom Winkel β. In tangentialer Richtung beschreibt die Gleichung 5.14 ein bewegliches Tastsystem. Für die Steuerung der Antastkraft $\vec{F}_N$ in Normalenrichtung gilt Gleichung 5.15. Stellt man an den Kraftgeneratoren die vektorielle Kraft $\vec{F}_I = (F_{Iu}, F_{Iv})$ ein, so ruft die Kraftkomponente $F_{Iu'} = F_{Iu} \cos\beta + F_{Iv} \sin\beta$ eine tangential gerichtete Taststiftauslenkung hervor. Die Kraftkomponente in Normalenrichtung erzeugt die Antastkraft.

Die Kraftgeneratoren müssen beim Scannen so gesteuert werden, daß eine senkrecht auf das Meßobjekt gerichtete Antastkraft $\vec{F}_N$ eingestellt wird. Dabei sind tangential gerichtete Taststiftauslenkungen zu vermeiden. Zu diesem Zweck wird den Kraftgeneratoren die Stellgröße $\vec{f}_I$ nach dem Algrithmus eines p- Reglers vorgegeben:

$$\vec{f}_I = k_1 \cdot (\vec{l}_{soll} - \vec{l}) = k_1 \cdot \vec{\Delta l} \,, \tag{5.16}$$

$\vec{l}_{soll}$ bezeichnet den Sollwert zum Erzeugen der Antastkraft, $\vec{l}$ gibt die Taststiftauslenkung an.
Das Bild 5.18 zeigt wie sich die Regeldifferenz $\vec{\Delta l}$ durch Vektoraddition ergibt. Die Stellgröße der Kraftgeneratoren $\vec{f}_I$ wird im u, v- Koordinatensystem nach Gleichung 5.16 aus der Taststiftauslenkung $\vec{l}$ und dem Sollwert $\vec{l}_{soll}$ berechnet.

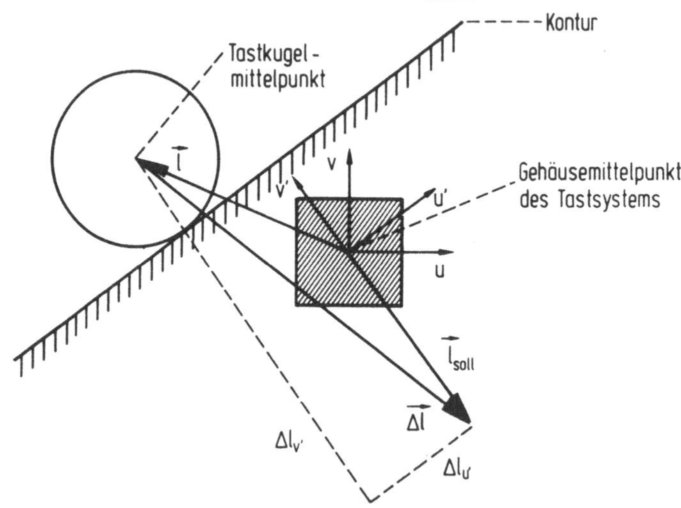

Bild 5.18: Bildung der Regeldifferenz zur Ansteuerung der Kraftgeneratoren

Das Bild 5.19 zeigt das Blockschaltbild der Steuerung der Kraftgeneratoren im u', v'- Koordinatensystem. In Richtung der u'- Achse arbeitet der Regelkreis als Lageregler, die Stellgröße $k_1 \cdot \Delta l_{u'}$ wirkt einer tangential gerichteten Taststiftauslenkung entgegen. In Normalenrichtung entsteht die Antastkraft:

$$f_N = (l_{sollv'} - l_{v'}) \, k_1 - \dot{l}_{v'} \cdot \frac{c_V}{c_F} - l_{v'} \quad . \tag{5.17}$$

Regelung der Auslenkung in u'-Richtung

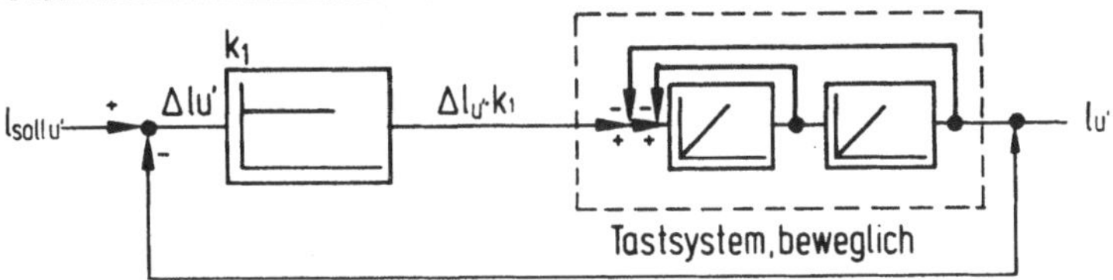

Steuerung der Antastkraft in u'-Richtung

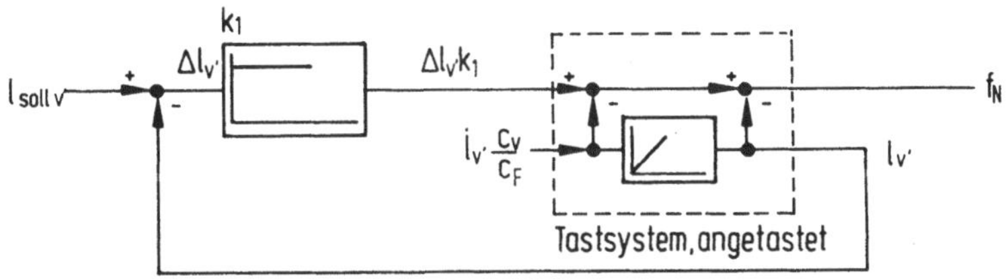

Bild 5.19: Blockschaltbild der Steuerung der Kraftgeneratoren im u', v'- Koordinatensystem

Beim Scannen hält die Antastregelung und die Führungsgrößenerzeugung die senkrecht zum Meßobjekt gerichtete Taststiftauslenkung $l_{v'}$ klein. Für kleine Werte von $l_{v'}$ und $\dot{l}_{v'}$ gilt näherungsweise:

$$f_N \approx l_{sollv'} \cdot k_1 \ . \tag{5.18}$$

Der Regler nach Gleichung 5.16 regelt die Auslenkung des Taststiftes und steuert die Antastkraft. Die Reglerverstärkung k_1 ist für das bewegliche Tastsystem wie bei einem Lageregler zu optimieren.

5.2.5 Steuerungsanforderungen bei der Meßwerterfassung mit messenden Tastsystemen

Zur Meßwerterfassung muß für einen Antastpunkt die Position des Tastsystemgehäuses, die Auslenkung des Taststiftes und gleichzeitig die Antastkraft gespeichert werden. Bei Tastsystemen mit

mechanischen Federn kann man die wirksame Antastkraft aus der Taststiftauslenkung nach Gleichung 5.10 und bei gesteuerten Kraftgeneratoren nach Gleichung 5.18 abschätzen.
An messenden Tastsystemen ist der Zeitpunkt der Meßwertübernahme nicht von einem Triggersignal bestimmt und daher weniger zeitkritisch als bei schaltenden Tastsystemen, so daß das Speichern der Koordinatenwerte und der Antastkraft von einem Mikroprozessor durchgeführt werden kann. Interruptanforderungen sind während der Meßwertübernahme zu maskieren.
Neben der Vorgabe der Sollwerte für die Lageeinstellung ist es beim Scannen Aufgabe der Führungsgrößenerzeugung, den für ein vektorielles Steuern der Antastkraft benötigten und auf das Meßobjekt gerichteten Normaleneinheitsvektor $\vec{N}_e$ zu bestimmen. Mit Hilfe dieses Vektors kann dann nach Bild 5.13 die Auslenkung des Taststiftes eingestellt oder eine Steuerung der Kraftgeneratoren gemäß Bild 5.19 durchgeführt werden.

6 Verfahren zur Führungsgrößenerzeugung für das Scannen

Zur Führungsgrößenerzeugung sind beim Scannen aus den Steuerdaten und den Kenngrößen des abgetasteten Meßobjektes Lage- und Geschwindigkeitssollwerte und Sollwerte für die Steuerung der Kraftgeneratoren zu generieren.
Im Falle des null- und einachsigen Scannens lassen sich die Lagesollwerte wie bei einer konventionellen Bahnsteuerung ermitteln. Soll beim einachsigen Scannen eine konstante Bahngeschwindigkeit eingestellt werden, so ist nach Gleichung 4.1 die Geschwindigkeit des Leitvorschubes abhängig von der Form des Meßobjektes zu reduzieren. Für das zweiachsige Scannen benötigt man, wie Bild 4.6 zeigt eine tangential gerichtete Vorzugsgeschwindigkeit.
Bestandteil der Führungsgrößenerzeugung ist die Führungsgrößenbeeinflussung. Sie hat die Aufgabe während des Scannens die Geschwindigkeit des Leitvorschubes oder die Vorzugsgeschwindigkeit zu optimieren.
Ziel dieses Kapitels ist es Verfahren zu entwickeln, die in einer Scanneinrichtung eine genauere Berechnung der Führungsgrößen ermöglichen. Ausgehend von dem aus dem Bereich des Nachformens bekannten Verfahren, der Ableitung der Führungsgrößen über die Taststiftauslenkung, wird ein Verfahren zur Berechnung der Führungsgrößen aus den Antastkoordinaten entwickelt. Die Diskussion der Verfahren zur Führungsgrößenerzeugung erfordert zunächst eine Definition der Kenngrößen des Scannvorgangs.

6.1 Lokale Elemente der geometrischen Bahn

Beim ein- und zweiachsigen Scannen eines räumlichen Meßobjektes kann die Bahn des Tastkugelmittelpunktes als Kurve in einer Ebene beschrieben werden $\vec{S} = (x, y)$. Zur Beschreibung des Scannvorgangs werden im folgenden die lokalen Elemente einer Kurve diskutiert /19/.

Tangenten- und Normalenrichtung

Der Tangenteneinheitsvektor $\vec{T}_e = (T_{xe}, T_{ye})$ ist die auf den Betrag "eins" normierte Tangentenrichtung $\vec{T} = (T_x, T_y)$. Multipliziert man den Tangenteneinheitsvektor $\vec{T}_e$ mit dem Betrag der Bahngeschwindigkeit v_B, so erhält man einen Vektor $\vec{v}_B$, dessen Komponenten v_{Bx}, v_{By} die Bewegungsgeschwindigkeiten in den Achsrichtungen angeben:

$$\vec{v}_B = v_B \frac{\vec{T}}{|\vec{T}|} = v_B \frac{\vec{T}}{(T_x^2 + T_y^2)^{1/2}} . \tag{6.1}$$

Der Einheitsvektor der Normalenrichtung $\vec{N}_e$ gibt die ideale Richtung der Antastkraft an, er entsteht durch Drehung der Tangentenrichtung um 90 Grad. Es gelten folgende Zusammenhänge:

$$\begin{aligned} &\text{Drehung von } \vec{T}_e \text{ um } + 90 \text{ Grad:} \quad \vec{N}_{e+} = (-T_{ye}, T_{xe}), \\ &\text{Drehung von } \vec{T}_e \text{ um } - 90 \text{ Grad:} \quad \vec{N}_{e-} = (T_{ye}, -T_{xe}). \end{aligned} \tag{6.2}$$

Richtungsfehler

Der Richtungsfehler F dient zur Beurteilung der Richtungsunsicherheit der Führungsgrößenerzeugung. Er gibt den Fehlerwinkel Θ zwischen der ermittelten Tangentenrichtung $\vec{T}_e$ und der exakten Tangentenrichtung $\vec{T}_{ex}$ des Meßobjektes an:

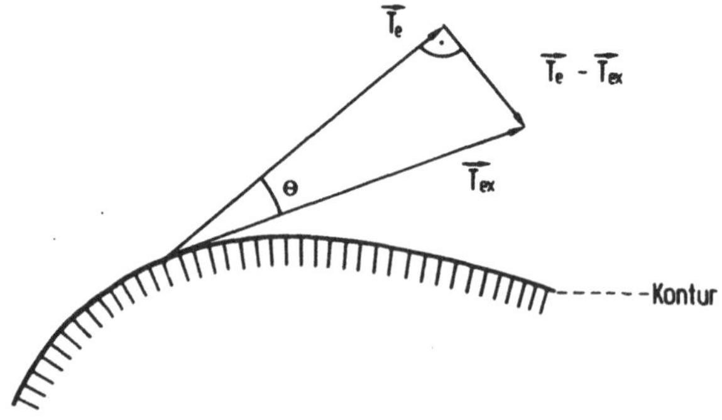

Bild 6.1: Definition des Richtungsfehlers

$$F = \frac{|\vec{T}_e - \vec{T}_{ex}|}{|\vec{T}_{ex}|} \approx \Theta. \tag{6.3}$$

Bei den im allgemeinen auftretenden kleinen Richtungsfehlern entspricht F mit der Näherung $\Theta \approx \tan\Theta$ dem Fehlerwinkel Θ.

Bogenlänge und Bahngeschwindigkeit

Der zurückgelegte Weg auf einer Bahnkurve wird über die Bogenlänge b angegeben:

$$b = \int_{t_1}^{t_2} (v_x^2 + v_y^2)^{1/2} \, dt . \tag{6.4}$$

Die Bahngeschwindigkeit v_B läßt sich aus der Bogenlänge b mit dem Differentialquotienten $v_B = db/dt$ berechnen zu:

$$v_B = (v_x^2 + v_y^2)^{1/2} . \tag{6.5}$$

Krümmung

Die Krümmung charakterisiert die Richtungsänderung der Vorzugsgeschwindigkeit an einem Meßobjekt. Sie ist bei der Glättung

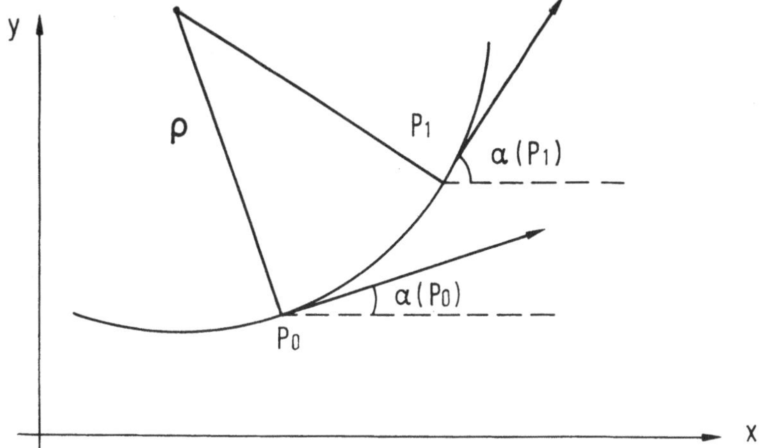

Bild 6.2: Definition des Krümmungsradius

der Führungsgrößen eine wesentliche Kenngröße zur Optimierung der Scanngeschwindigkeit.

Als Krümmung bezeichnet man den Quotienten $k = 1/\rho$. Der Krümmungsradius ρ ist dabei der Radius des Kreises, der die gleiche Richtungsänderung wie die Bahn im Punkt P_0 aufweist. Der Krümmungsradius berechnet sich nach Bild 5.2 aus den Winkeln $\alpha(P_0)$, $\alpha(P_1)$ und der Bogenlänge $\widehat{P_0P_1}$ nach der Beziehung:

$$\frac{1}{\rho} = k = \lim_{\widehat{P_0P_1} \to 0} \frac{\alpha(P_1) - \alpha(P_0)}{\widehat{P_0P_1}} \quad . \tag{6.6}$$

6.2 Ableitung der Führungsgrößen aus der Taststiftauslenkung

Beim Scannen kann, wie bei der in /34/ beschriebenen zweiachsigen Nachformsteuerung, die Orientierung der Vorzugsrichtung aus den Komponenten der Taststiftauslenkung (Δu, Δv) abgeleitet werden.

Diese Art der Ermittlung der Tangentenrichtung nutzt die Tatsache aus, daß sich bei einem federnd gelagerten Taststift

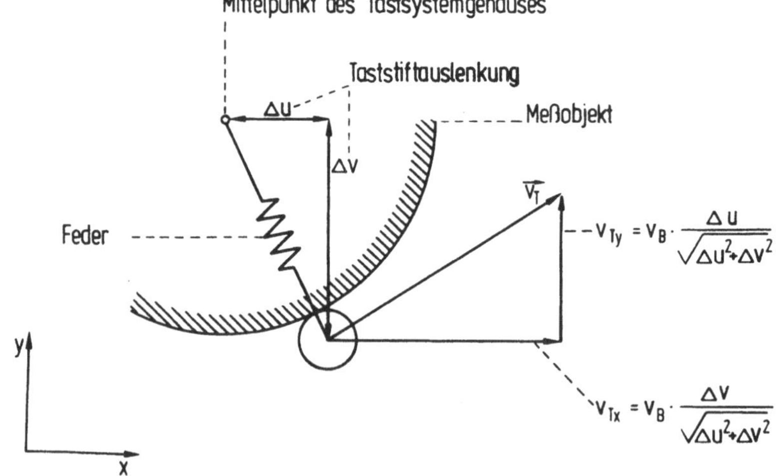

Bild 6.3: Ableitung der Vorzugsrichtung aus der Taststiftauslenkung

unter Vernachlässigung der Reibungskraft an der Tastkugel eine senkrecht zum Meßobjekt gerichtete Auslenkung des Taststiftes einstellt. Im Bild 6.3 ist dazu die Berechnung der Komponenten der Vorzugsgeschwindigkeit $\vec{v}_T = (v_{Tx}, v_{Ty})$ angegeben.
Das Prinzip der Ableitung der Vorzugsrichtung aus der Taststiftauslenkung ist wegen der an der Tastkugel auftretenden Reibungskraft mit Fehlern behaftet. Die bei der Bewegung in tangentialer Richtung auf die Tastkugel übertragene Störkraft führt, wie Bild 6.4 zeigt, zu einer nicht mehr senkrecht gerichteten Tastsstiftauslenkung L_{ant}. Der dadurch entstehende Richtungsfehler in der Vorzugsgeschwindigkeit $\vec{v}_T$ ist von der Antastregelung durch folgende Korrekturgeschwindigkeit auszugleichen: $v_{korr} = (L_n - L_{ant})K_v$.

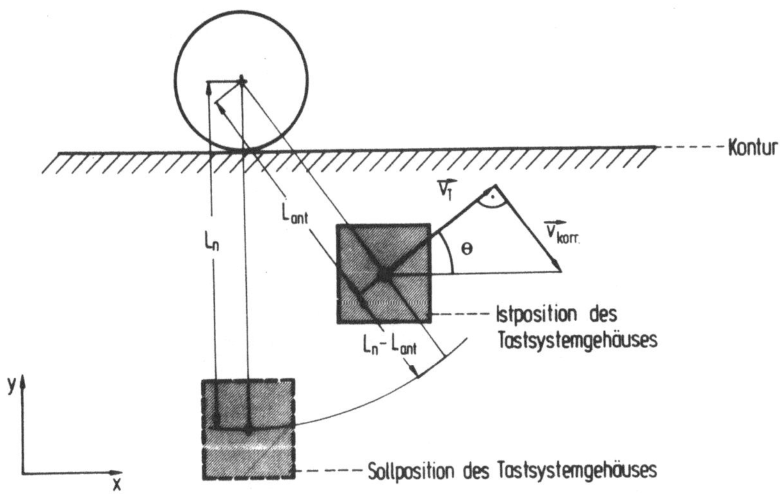

Bild 6.4: Einfluß der Reibung auf die Taststiftauslenkung und die Vorzugsgeschwindigkeit

In /47/ wurde die Abweichung der Taststiftauslenkung $L_n - L_{ant}$ bei verschiedenen Reibungsverhältnissen gemessen. Die Größe des Richtungsfehlers F ergibt sich aus diesen Messungen über die Geschwindigkeitsverstärkung K_v der Antastregelung zu:

$$F = \frac{v_{korr}}{v_B} = \frac{(L_n - L_{ant})K_v}{v_B} . \qquad (6.7)$$

Wie in Bild 6.5 dargestellt, schwanken die Richtungsfehler innerhalb der schraffierten Bereiche bedingt durch die Oberflächenbeschaffenheit und die Übergänge zwischen Haft- und Gleitreibung.

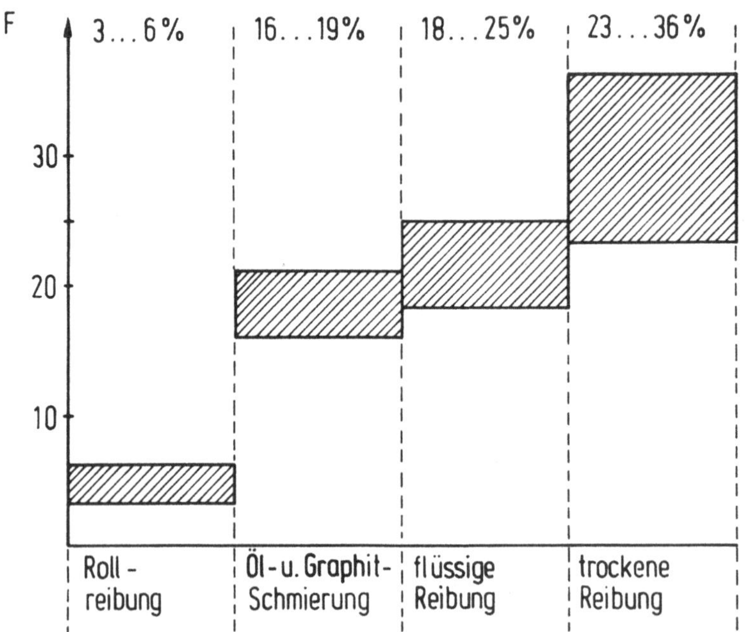

Bild 6.5: Richtungsfehler durch unterschiedliche Reibungsverhältnisse /47/

Die dargestellten Reibungseffekte verursachen unbefriedigende Störungen bei der Führungsgrößenerzeugung. Da an Koordinatenmeßgeräten die Koordinatenwerte der Antastpunkte genau erfaßbar sind, bietet es sich an, neue Verfahren zur Berechnung der Führungsgrößen beim Scannen aus Koordinatenwerten zu entwickeln.

6.3 Berechnung der Führungsgrößen aus den Koordinaten von Antastpunkten

6.3.1 Allgemeines

Die Kurve der Bahnkoordinaten $\vec{S}(t)$ des Tastkugelmittelpunktes ist die exakte Führungsgröße zur Bewegung des Tastsystems am Meßobjekt. Sie kann aus der Taststiftauslenkung $\vec{L}(t)$ und der Position des Tastsystemgehäuses $\vec{G}(t)$ berechnet werden:

$$\vec{S}(t) = \vec{L}(t) + \vec{G}(t). \tag{6.8}$$

Aus der Kurve der Bahnkoordinaten läßt sich die Vorzugsrichtung für die Bewegung des Tastsystems auch durch eine erste Ableitung nach der Zeit bestimmen. Die so berechnete Vorzugsrichtung ist, wenn man die Änderung der Durchbiegung der Taststifte vernachlässigt, unabhängig von Antast- und Reibungskräften. Beim Scannen sind die Bahnkoordinaten durch Stützpunkte des bereits abgetasteten Meßobjektes definiert. Daraus läßt sich die Bahn interpolieren:

$$y = a_0 + a_1x + a_2x^2 + \dots a_kx^k . \tag{6.9}$$

Der Grad k des Polynoms gibt die Anzahl k+1 der zur Bestimmung der Parameter $a_0 \dots a_k$ notwendigen Stützpunkte an. Für eine möglichst genaue Führungsgrößenerzeugung sollte der Grad des Polynoms so gewählt werden, daß er der Differenzierbarkeit der Bahn entspricht. Polynome mit einem Grad größer drei sind ungeeignet, da sie zur Welligkeit neigen /49/. Dieser Nachteil kann durch die Verwendung von Spline-Funktionen vermieden werden. Sie sind gut zur Interpolation von glatten Kurven geeignet. Beim Scannen müssen jedoch frühzeitig unstetige Richtungsänderungen erkannt werden, deshalb werden im folgenden keine Spline-Funktionen sondern aus zurückliegenden Stützpunkten berechnete unstetig verknüpfte Polynome mit niedrigerem Grad (k kleiner 3) benutzt.

6.3.2 Explizite Form des Interpolationspolynoms

Zur Ermittlung der Koeffizienten eines Interpolationspolynoms nach Gleichung 6.9 ist ein Gleichungssystem der Form:

$$\mathbf{Y} = \mathbf{M} \cdot \mathbf{A} \tag{6.10}$$

zu lösen, wobei: $\mathbf{Y} = \begin{pmatrix} y_0 \\ \cdot \\ \cdot \\ \cdot \\ y_k \end{pmatrix}$, $\mathbf{M} = \begin{pmatrix} 1 & x_0 & \dots & x_0^k \\ \cdot & & & \\ \cdot & & & \\ \cdot & & & \\ 1 & x_k & \dots & x_k^k \end{pmatrix}$, $\mathbf{A} = \begin{pmatrix} a_0 \\ \cdot \\ \cdot \\ \cdot \\ a_k \end{pmatrix}$

ist. Die Lösung lautet:

$$\mathbf{A} = \mathbf{M}^{-1} \cdot \mathbf{Y}.$$

Ist der Vektor **A** bekannt, so kann die Steigung der Tangentenrichtung y' des Interpolationspolynoms an einem frei wählbaren Koordinatenwert x_i durch Differenzieren berechnet werden:

$$y'_i = \frac{dy_i}{dx} = \mathbf{X}_i \cdot \mathbf{A}, \tag{6.11}$$

mit: $\mathbf{X}_i = (0, x_i, \dots kx_i^{k-1}).$

Der Einheitsvektor der Tangentenrichtung $\vec{T}_{ei} = (T_{xei}, T_{yei})$ am Koordinatenwert x_i ergibt sich mit Hilfe der trigonometrischen Umformungen:

$$y' = \tan\alpha, \quad \sin\alpha = \frac{\tan\alpha}{(1+\tan^2\alpha)^{1/2}}, \quad \cos\alpha = \frac{1}{(1+\tan^2\alpha)^{1/2}},$$

zu:

$$T_{xei} = \sin\alpha = \frac{\mathbf{X}_i \cdot \mathbf{A}}{(1+(\mathbf{X}_i \cdot \mathbf{A})^2)^{1/2}},$$

$$T_{yei} = \cos\alpha = \frac{1}{(1+(\mathbf{X}_i \cdot \mathbf{A})^2)^{1/2}}. \tag{6.12}$$

Zur Berechnung der Vorzugsgeschwindigkeit $\vec{v_T} = v_B \cdot \vec{T_{ei}}$ ist die Matrix **M** zu invertieren. Diese Inversion kann mit den Lösungsansätzen von Newton oder Lagrange /49/ durchgeführt werden. Da die Matix **M** von den gewählten Stützpunkten selbst abhängt, ist sie für eine sich ändernde Bahn jeweils neu zu invertieren.

6.3.3 Parameterdarstellung des Interpolationspolynoms

Da beim Scannen die angetasteten Stützpunkte zu diskreten Zeitpunkten erfaßt werden, bietet sich für die Berechnung der Tangentenrichtung eine Darstellung des Interpolationspolynoms mit der Zeit t als Parameter an. Für jede Achsrichtung ist dann ein Polynom vom Grad n aus n+1 Stützpunkten zu bestimmen:

$$\begin{aligned} x\,(t) &= b_0 + b_1 t + \ldots\, b_n t^n \,, \\ y\,(t) &= c_0 + c_1 t + \ldots\, c_n t^n \,. \end{aligned} \qquad (6.13)$$

Die Parameter der Polynome $b_0 \ldots b_n$ und $c_0 \ldots c_n$ können wie bei der impliziten Form durch Lösen eines linearen Gleichungssystems berechnet werden. Zunächst soll nur die Komponente in X- Richtung betrachtet werden, für die Y-Richtung gilt entsprechendes. Es gilt:

$$\mathbf{X} = \mathbf{H} \cdot \mathbf{B}, \qquad (6.14)$$

dabei ist:

$$\mathbf{X} = \begin{pmatrix} x_0 \\ \cdot \\ \cdot \\ \cdot \\ x_n \end{pmatrix}, \quad \mathbf{H} = \begin{pmatrix} 1 & t_1 & \ldots & t_1^{\,n} \\ \cdot & & & \\ \cdot & & & \\ \cdot & & & \\ 1 & t_{n+1} & \ldots & t_{n+1}^{\,n} \end{pmatrix}, \quad \mathbf{B} = \begin{pmatrix} b_0 \\ \cdot \\ \cdot \\ \cdot \\ b_n \end{pmatrix}.$$

Die Lösung lautet: $\mathbf{B} = \mathbf{H}^{-1} \cdot \mathbf{X}$.

Die Tangentenrichtung berechnet sich aus der ersten Ableitung nach der Zeit zu:

$$\dot{x} = \frac{dx}{dt} = b_1 + 2b_2t + \dots nb_nt^{n-1}$$

$$= \mathbf{t} \cdot \mathbf{B} = \mathbf{t} \cdot \mathbf{H}^{-1} \cdot \mathbf{X}, \qquad (6.15)$$

wobei: $\mathbf{t} = (t_0, t_1, \dots t_n)$, mit $t_n = nt^{n-1}$.

Geht man, wie bei Abtastsystemen üblich, von einer konstanten Abtastzeit $\Delta t = t_i - t_{i-1}$ aus und setzt $t_1 = 0$, so ist die Matrix der Abtastzeit **H** invariant. Sie hat die Form:

$$\mathbf{H} = \begin{pmatrix} 1 & 0 \dots & 0 \\ 1 & \Delta t \dots & \Delta t^n \\ \cdot & & \\ \cdot & & \\ \cdot & & \\ 1 & n\Delta t \dots & (n\Delta t)^n \end{pmatrix} . \qquad (6.16)$$

Das bedeutet, daß die Inversion der Matrix **H** nur einmal für eine vorgegebene Abtastzeit Δt gebildet werden muß. Die Berechnung der Vorzugsrichtung während des Scannens reduziert sich dann auf folgende Multiplikation:

$$\dot{x} = \mathbf{E} \cdot \mathbf{X}, \qquad \dot{y} = \mathbf{E} \cdot \mathbf{Y}, \qquad (6.17)$$

dabei ist der Vektor **E** eine konstante Rechengröße:

$$\mathbf{E} = \mathbf{t} \cdot \mathbf{H}^{-1} = (e_0 \dots e_n). \qquad (6.18)$$

Normiert ergeben sich die Komponenten des Einheitsvektors der Tangentenrichtung zu:

$$T_{xe} = \frac{\dot{x}}{(\dot{x}^2 + \dot{y}^2)^{1/2}}, \qquad T_{ye} = \frac{\dot{y}}{(\dot{x}^2 + \dot{y}^2)^{1/2}} . \qquad (6.19)$$

Gleichungen der Polynome 1. und 2. Ordnung

Als Beispiel werden zunächst die Beziehungen für die Interpolationspolynome 2. Ordnung angegeben. Aus den zu den Zeitpunkten $t = 0$, Δt, $2\Delta t$ erfaßten Koordinatenwerten $(x_0, y_0) \ldots (x_2, y_2)$ wird die Tangentenrichtung im Punkt (x_2, y_2) berechnet. Die Wahl der Abtastzeit Δt legt die Matrizen $\mathbf{H}$, $\mathbf{H}^{-1}$ fest.

$$\mathbf{H} = \begin{pmatrix} 1 & 0 & 0 \\ 1 & \Delta t & \Delta t^2 \\ 1 & 2\,t & 4\,t^2 \end{pmatrix}, \quad \mathbf{H}^{-1} = \begin{pmatrix} 1 & 0 & 0 \\ -\frac{3}{2\Delta t} & \frac{2}{\Delta t} & -\frac{1}{2\Delta t} \\ \frac{1}{2\Delta t^2} & -\frac{1}{\Delta t^2} & \frac{1}{2\Delta t^2} \end{pmatrix}. \tag{6.20}$$

Die Zeitableitungen der Polynome im Punkt (x_2, y_2) berechnen sich zu:

$$\begin{aligned} \dot{x} &= \frac{1}{2\Delta t}\, x_0 - \frac{2}{\Delta t}\, x_1 + \frac{3}{2\Delta t}\, x_2, \\ \dot{y} &= \frac{1}{2\Delta t}\, y_0 - \frac{2}{\Delta t}\, y_1 + \frac{3}{2\Delta t}\, y_2 . \end{aligned} \tag{6.21}$$

Aus den Zeitableitungen kann durch die Normierung nach Gleichung (6.19) der Einheitsvektor der Tangentenrichtung berechnet werden.

Ganz besonders einfache Verhältnisse ergeben sich bei linearer Interpolation:

$$\begin{aligned} \dot{x} &= \frac{1}{\Delta t}\,(x_1 - x_0), \qquad \dot{y} = \frac{1}{\Delta t}\,(y_1 - y_0), \\ T_{xe} &= \frac{x_1 - x_0}{b_1}, \qquad T_{ye} = \frac{y_1 - y_0}{b_1}, \end{aligned} \tag{6.22}$$

wobei: $\quad b_1{}^2 = (x_1 - x_0)^2 + (y_1 - y_0)^2.$

Der bei dieser linearen Interpolation berechnete Tangenteneinheitsvektor ist unabhängig von der Abtastzeit Δt. Die Größe b gibt den Abstand zwischen zwei Stützpunkten an. Für hinreichend kleine Abtastzeiten nähert sie sich der Bogenlänge zwischen den Stützpunkten. Da b_1 bei der Normierung der Tangentenrichtung benötigt wird, bietet es sich an, durch eine Summation von b_i die zurückgelegte Bogenlänge der abgetasteten Kontur zu berechnen. Sie kann z. B. bei der Meßwerterfassung als Kenngröße der abgetasteten Bahn verwendet werden.

6.3.4 Richtungsfehler durch die Unsicherheit der Antastpunkte

Die als Stützpunkte für die Berechnung der Tangentenrichtung verwendeten Koordinatenwerte sind immer mit der durch das Koordinatenmeßgerät bestimmten Unsicherheit behaftet. Für die Auslegung einer Scanneinrichtung ist die Auswirkung dieser Unsicherheit auf die ermittelte Tangentenrichtung zu untersuchen. Dazu soll im folgenden ein Zusammenhang zwischen dem maximalen Richtungsfehler, der Meßunsicherheit und dem Stützpunktabstand abgeleitet werden.

Definition der Meßunsicherheit

Die Meßunsicherheit von Koordinatenmeßgeräten ist in der VDI/-VDE-Richtlinie /50/ definiert. Als Längenmeßunsicherheit U_{95}, wird eine längenabhängige Größe verstanden, die bei der Durchführung beliebiger Längenmessungen in 95% aller Fälle nicht überschritten wird.

$$U_{95} = A + K \cdot L_{mes} \leq B \qquad (6.23)$$

Dabei sind A, K, B vom Gerätehersteller anzugebende Konstanten, L_{mes} stellt die Meßlänge dar.

Bei der Berechnung der Tangentenrichtung aus zwei Stützpunkten entsteht aus dieser Unsicherheit des Koordinatenmeßgerätes der in Bild 6.6 dargestellte Winkelfehler. Die erfaßten Antastpunkte befinden sich in den schraffierten Quadraten um die exakten Koordinatenwerte des Meßobjektes. Der maximal auftretende Fehlerwinkel Θ hängt vom Abstand b der Stützpunkte und von der Unsicherheit U des Koordinatenmeßgerätes ab.

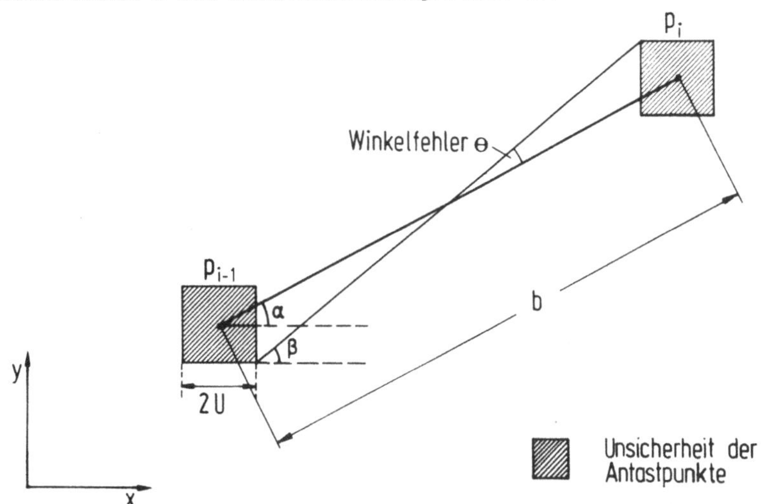

Bild 6.6: Richtungsfehler durch die Unsicherheit des Koordinatenmeßgerätes

Für eine allgemeine Abschätzung des auftretenden Richtungsfehlers ist eine vektorielle Darstellung der Abweichung der exakten Koordinatenwerte $\mathbf{X}_{ex}$, $\mathbf{Y}_{ex}$ des Meßobjektes von den erfaßten Antastpunkten $\mathbf{X}$, $\mathbf{Y}$ hilfreich. Die Vektoren der Abweichung $\Delta\mathbf{X}$, $\Delta\mathbf{Y}$ berechnen sich zu:

$$\Delta\mathbf{X} = \mathbf{X} - \mathbf{X}_{ex} = \begin{pmatrix} x_0 - x_{0ex} \\ \cdot \\ \cdot \\ \cdot \\ x_n - x_{nex} \end{pmatrix}, \quad \Delta\mathbf{Y} = \mathbf{Y} - \mathbf{Y}_{ex} = \begin{pmatrix} y_0 - y_{0ex} \\ \cdot \\ \cdot \\ \cdot \\ y_n - y_{nex} \end{pmatrix}. \tag{6.24}$$

Die Abweichungen der Antastpunkte pflanzen sich bei der Differenzierung des Interpolationspolynoms fort. Nach der Gleichung 6.17 ergibt sich:

$$\Delta\dot{\mathbf{x}} = \dot{x} - \dot{x}_{ex} = \mathbf{E} \cdot \mathbf{X} - \mathbf{E} \cdot \mathbf{X}_{ex} = \mathbf{E} \cdot \Delta\mathbf{X}. \qquad (6.25)$$

Da die einzelnen Komponenten von $\Delta\mathbf{X}$, $\Delta\mathbf{Y}$ kleiner als U sind, läßt sich die maximale Geschwindigkeitsabweichung M wie folgt abschätzen:

$$M = \max\,(\Delta\dot{x},\ \Delta\dot{y}) \leq U \sum_{i=0}^{n} |e_i|. \qquad (6.26)$$

Mit dieser Beziehung wird für ein Interpolationspolynom beliebiger Ordnung aus den Komponenten e_i der Matrix $\mathbf{E}$ abhängig von der gewählten Abtastzeit die Größe M abgeschätzt. Bei Polynomen 1. und 2. Ordnung ergibt sich M zu:

$$M_{1.Ord.} = 2\,\frac{U}{\Delta t}, \qquad M_{2.\ Ord.} = 4\,\frac{U}{\Delta t}. \qquad (6.27)$$

Aus der maximalen Abweichung M ergibt sich der maximale Winkelfehler zwischen der berechneten und der exakten Tangentenrichtung zu:

$$\Theta = \alpha - \beta = \arctan\frac{\dot{y} + M}{\dot{x} - M} - \arctan\frac{\dot{y}}{\dot{x}}. \qquad (6.28)$$

Mit der trigonometrischen Beziehung:

$$\tan(\alpha - \beta) = \frac{\tan\alpha - \tan\beta}{1 + \tan\alpha \cdot \tan\beta} \qquad (6.29)$$

wird die Gleichung 6.28 umgeformt zu:

$$\tan\Theta = \frac{M(\dot{x} + \dot{y})}{\dot{x}^2 + \dot{y}^2 + M(\dot{y} - \dot{x})}. \qquad (6.30)$$

Der Winkelfehler in Gleichung 6.30 ist eine Funktion der vom

Meßobjekt abhängigen Größen $\dot{x}$, $\dot{y}$ und der Konstanten M. Er wird im folgenden durch eine Extremwertuntersuchung der Funktion $\tan\Theta = f(\dot{x}, \dot{y})$ bestimmt.
Durch die beim zweiachsigen Scannen vorgegebene Bahngeschwindigkeit v_B ergibt sich für die Veränderlichen $\dot{x}$, $\dot{y}$ die Nebenbedingung:

$$\psi(x, y) = \dot{x}^2 + \dot{y}^2 - {v_B}^2 = 0 . \tag{6.31}$$

Das Maximum von Funktionen mit Nebenbedingungen ist mit Hilfe des Lagrangeschen Multiplikators /51/ über den folgenden Ansatz bestimmbar:

$$L = f(\dot{x}, \dot{y}) + \lambda\psi(\dot{x}, \dot{y}). \tag{6.32}$$

Für ein Extremum gelten die folgenden Gleichungen:

$$\begin{aligned} \frac{dL}{d\dot{x}} &= \frac{-\dot{x}^2 + \dot{y}^2 + 2M\dot{y} - 2\dot{x}\dot{y}}{(\dot{x} + \dot{y})\ (\dot{x}^2 + \dot{y}^2 + M\dot{y} - M\dot{x})} + 2\lambda\dot{x} = 0, \\ \frac{dL}{d\dot{y}} &= \frac{-\dot{x}^2 + \dot{y}^2 + 2M\dot{y} - 2\dot{x}\dot{y}}{(\dot{x} + \dot{y})\ (\dot{x}^2 + \dot{y}^2 + M\dot{y} - M\dot{x})} + 2\lambda\dot{y} = 0. \end{aligned} \tag{6.33}$$

Eliminiert man aus diesen Gleichungen die Variable λ, so erhält man eine notwendige Bedingung für ein Maximum:

$$\dot{y} - \dot{x} + 2M = 0. \tag{6.34}$$

Die Untersuchung der höheren Ableitungen der Gleichung 6.32 zeigt, daß die Bedingung 6.34 auch für ein Maximum hinreichend ist. Aus den Gleichungen 6.30 und 6.34 ergibt sich für den maximalen Winkelfehler:

$$\tan\Theta = \frac{2 \cdot (0.5{v_B}^2 - M^2)^{1/2} \cdot M}{{v_B}^2 - 2M^2} . \tag{6.35}$$

Da das Maximum der Geschwindigkeitsabweichung M im allgemeinen wesentlich kleiner als die Bahngeschwindigkeit v_B ist, gilt für den Richtungsfehler F_U der Tangentenrichtung näherungsweise:

$$F_U = \tan\Theta \approx \frac{\sqrt{2}\ M}{v_B} . \qquad (6.36)$$

Setzt man die Abweichungen der Richtungskomponenten M nach Gleichung 6.26 in Gleichung 6.36 ein, so kann der maximale Richtungsfehler bei Polynomen 1. und 2. Ordnung aus dem zwischen zwei Stützpunkten zurückgelegten Wegintervall b berechnet werden nach:

$$F_{U\ 1.Ord.} \approx \frac{2\sqrt{2}\ U}{b} , \qquad F_{U\ 2.Ord.} \approx \frac{4\sqrt{2}\ U}{b} . \qquad (6.37)$$

Mit diesen Gleichungen liegt der Zusammenhang zwischen dem maximalen Richtungsfehler F_U, dem Wegintervall b und der Meßunsicherheit U fest, so daß man bei der Auslegung einer Scanneinrichtung das minimal zulässige Wegintervall b berechnen kann.

6.4 Beeinflussung der Führungsgrößen

Die Aufgabe der Beeinflussung der Führungsgrößen besteht darin, die in der Scanneinrichtung berechnete Vorzugsgeschwindigkeit so zu verändern, daß die durch die Auswertung oder vom Meßgerät geforderten Beschleunigungs- und Geschwindigkeitsgrenzwerte nicht überschritten werden.
Die Vorzugsgeschwindigkeit beim Scannen ist durch eine Veränderung des Betrages oder der Richtung beeinflußbar. Richtungsabweichungen der eingestellten Vorzugsgeschwindigkeit von der Tangentenrichtung sind unerwünscht. Die Beeinflussung der Vorzugsrichtung beschränkt sich daher auf eine Kompensation von systematischen Fehlern und auf eine Filterung von Störungen.
Der Betrag der Vorzugsgeschwindigkeit ist dagegen eine wählbare Größe, er kann ständig an die Erfordernisse des Scannvorganges angepaßt werden.

6.4.1 Störgrößenunterdrückung bei der Ermittlung der Vorzugsrichtung

Die Störgrößenunterdrückung dient zur Filterung von zufälligen Störungen, die die durch das Meßobjekt vorgegebene Tangentenrichtung verfälschen. Solche Störungen entstehen bei der Ermittlung der Vorzugsrichtung durch die verwendeten Rechenverfahren und durch die nicht ideale Oberflächenbeschaffenheit der Meßobjekte.
Zur Abschätzung des durch die Rauhtiefe des Meßobjektes verursachten Richtungsfehlers wird die Rauhtiefe R_{max} verwendet. R_{max} ist nach /52/ als Maß für die Oberflächengüte definiert, sie gibt die maximale Abweichung von einer idealen Oberfläche an. Bei der Berechnung der Vorzugsrichtung aus zwei Stützpunkten mit einem Interpolationspolynom 1. Ordnung kann der maximale, durch die Rauhtiefe bedingte Richtungsfehler F_R aus dem Stützpunktabstand b wie folgt abgeschätzt werden:

$$F_R = \tan\Theta = \frac{2 \cdot R_{max}}{b} \,. \qquad (6.38)$$

Durch die Rauhtiefe hervorgerufenen Richtungsfehler weisen wegen der unstetigen Richtungsänderungen der Oberfläche ein breites Frequenzspektrum auf. Bei kleinen Bahngeschwindigkeiten können die Geräteachsen den durch die Störungen der Oberfläche verursachten Bahnänderungen folgen. Schnelle Bahnänderungen treten bei höheren Geschwindigkeiten auf. Solche Störungen werden durch das Tiefpaßverhalten der Antastregelung gedämpft. Die Grenzfrequenz eines Lageregelkreises kann nach /53/ überschlagsmäßig aus der Geschwindigkeitsverstärkung K_v berechnet werden:

$$f_g = \frac{K_v}{2\pi} \,. \qquad (6.39)$$

Oberhalb der Grenzfrequenz liegende Störspektren können bei realen Lageregelkreisen, die als nichtlineare Systeme mit Übertragungsgliedern höherer Ordnung aufzufassen sind, Eigenfrequenzen anregen. Aus diesem Grund ist es, wie bei anderen Abtastregelkreisen empfehlenswert oberhalb der Grenzfrequenz f_g liegende kurzperiodische Störungen in der ermittelten Vorzugsrichtung zusätzlich durch einen Tiefpaß zu unterdrücken.

6.4.2 Anpassung der Vorzugsgeschwindigkeit

Die Anpassung der Vorzugsgeschwindigkeit beim Scannen beruht wie bei der in /54/ für numerisch gesteuerte Werkzeugmaschinen untersuchten Glättung der Führungsgrößen darauf die Geschwindigkeit so zu reduzieren, daß vorgegebene Beschleunigungs- und Geschwindigkeitsgrenzwerte nicht überschritten werden. Die bei der eingestellten Scanngeschwindigkeit auftretenden Beschleunigungsgrenzwerte hängen von der Krümmung des Meßobjektes nach der Formel:

$$a_{max} = \frac{v_{max}^2}{\rho} \quad \text{ab.} \tag{6.40}$$

Da der Krümmungsradius im allgemeinen unbekannt ist, muß er während des Scannens ermittelt werden. Im folgenden wird nun eine Methode vorgestellt, die es gestattet den momentanen Krümmungsradius während des Scannens aus den bei der Berechnung der Vorzuggeschwindigkeit anfallenden Daten zu ermitteln.

6.4.2.1 Berechnung des Krümmungsradius

Der Krümmungsradius kann nach verschiedenen Verfahren berechnet werden. Diese Verfahren beruhen darauf, aus Stützpunkten den Radius eines Kreises zu bestimmen, der dem in Gleichung 6.6 definierten Krümmungsradius entspricht. Für implizit definierte Interpolationspolynome kann nach /55/ der Krümmungsradius einer Bahnkurve durch die Gleichung:

$$\rho = \frac{(1 + (y')^2)^{3/2}}{y''} \tag{6.41}$$

für beliebige Punkte berechnet werden. Bei einer anderen Methode wird der Krümmungsradius aus dem Schnittpunkt der Mittelsenkrechten auf zwei Sekanten berechnet.
Besonders einfache arithmetische Operationen ergeben sich, wenn der Krümmungsradius aus den Daten berechnet wird, die bei der Berechnung der Vorzugsrichtung aus Antastpunkten anfallen. Als Daten werden in der Scanneinrichtung zyklisch die Stützpunkte P_i erfaßt und an ihnen die Tangenteneinheitsvektoren $\vec{T}_{ei}$ mit den dazwischenliegenden Bogenlängen b_i berechnet. Daraus läßt sich mit Hilfe des in Bild 6.7 dargestellten Vektorproduktes der Krümmungsradius wie folgt angeben:

$$\rho_i = \frac{b_i}{\varphi_i} = \frac{b_i}{|T_{i-1xe} \cdot T_{iye} - T_{i-1ye} \cdot T_{ixe}|} \quad . \tag{6.42}$$

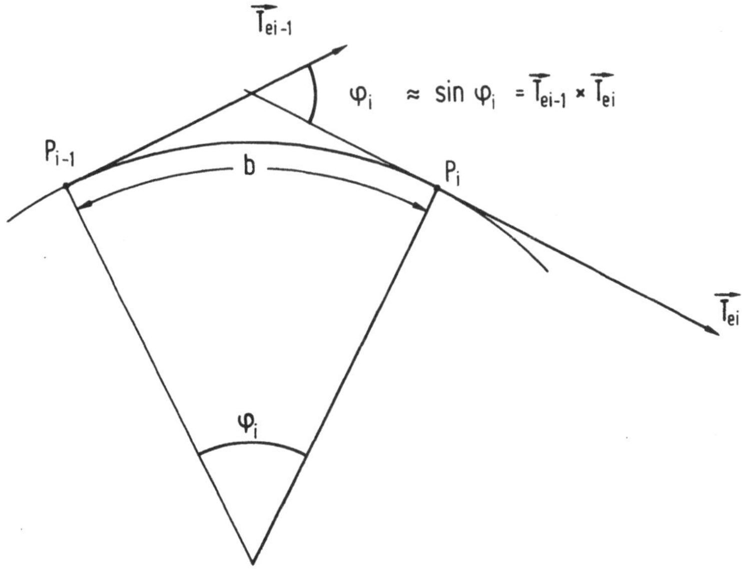

Bild 6.7: Vektorprodukt der Tangentenrichtungen

Die Berechnung des Krümmungsradius ist wegen der Richtungsfehler in den Tangentenrichtungen ebenfalls ungenau. Zur Abschätzung der Unsicherheit in den berechneten Krümmungsradien wird ein Summenfehler F_{Σ} für die Tangentenrichtungen definiert. Er setzt sich zusammen aus Fehleranteilen, die durch die Unsicherheit des Koordinatenmeßgerätes und durch die Rauhtiefe verursacht werden:

$$F_{\Sigma} = F_U + F_R \; . \tag{6.43}$$

Der Summenfehler F_{Σ} verfälscht das Winkelintervall φ_i so, daß sich im ungünstigsten Fall ein maximaler Krümmungsradius zu:

$$\rho_{max} = \frac{b_i}{\varphi_i - F_{\Sigma}} \quad \text{errechnet.} \tag{6.44}$$

Mit dieser Beziehung läßt sich aus dem Winkelintervall φ_i und dem Summenfehler F_{Σ} der maximale relative Fehler F_{ρ} des Krümmungsradius angeben:

$$F_{\rho} = \frac{\Delta\rho}{\rho} = \frac{\rho_{max} - \rho}{\rho} = \frac{F_{\Sigma}}{\varphi_i - F_{\Sigma}} \; . \tag{6.45}$$

Ein für die Führungsglättung verwendbarer Krümmungsradius darf eine obere Fehlerschranke F_{ρ} nicht überschreiten. Nach Gleichung 6.45 ist dies sichergestellt, wenn zwischen den Tangentenrichtungen mindestens ein Winkelintervall φ_i liegt.
Für die Berechnung des Krümmungsradius in jedem aktuellen Stützpunkt P_i werden jeweils die um den Winkel φ_i zurückliegenden Tangentenrichtungen benötigt. Die Anzahl n der in einem Puffer zu speichernden Tangentenvektoren berechnet sich aus dem Abstand b der Stützpunkte und dem größten zu berechnenden Krümmungsradius ρ_{max} nach der Gleichung:

$$n = \frac{\rho_{max} \cdot \varphi_i}{b} = \frac{\rho_{max}}{b} F_{\Sigma}\left(1 + \frac{1}{F_{\rho}}\right) . \tag{6.46}$$

6.4.2.2 Anpassung der Vorzugsgeschwindigkeit an die Grenzwerte des Koordinatenmeßgerätes

Das Koordinatenmeßgerät ist durch seinen Aufbau für maximal zulässige Verfahrgeschwindigkeiten und Beschleunigungen in den Geräteachsen ausgelegt. Für ein Scannen in beliebiger Richtung ist zu fordern, daß die vorgegebene Vorzugsgeschwindigkeit immer kleiner oder gleich der maximalen Verfahrgeschwindigkeit der langsamsten Geräteachse ist.
Der durch das dynamische Verhalten der Antriebe bestimmte Beschleunigungsgrenzwert a_{max} schreibt, abhängig von der Krümmung des Meßobjektes, eine maximale Vorzugsgeschwindigkeit v_{max} vor. Sie ergibt sich aus der Kinematik der Kreisbewegung nach der folgenden Gleichung:

$$v_{max}(\rho) = (a_{max} \cdot \rho)^{1/2} . \qquad (6.47)$$

In Gleichung 6.47 wurde die Kinematik der Tastkugel vernachlässigt. Gegebenenfalls ist der Radius der Tastkugel bei konkaven Meßobjekten zum Krümmungsradius zu addieren und bei konvexen Meßobjekten zu subtrahieren.

6.4.2.3 Anpassung der Vorzugsgeschwindigkeit an die Auswertung

Für die Auswertung werden Antastpunkte in der Regel mit einem vorgegebenen Abstand benötigt. Während des Meßablaufes übernimmt der Auswerterechner die Antastpunkte und führt, gegebenenfalls On-Line, die Berechnung und Protokollierung der Meßergebnisse durch. Die Zykluszeit t_{Ar} mit der vom Auswerterechner Antastkoordinaten verarbeitet werden können, schreibt einen nach folgender Gleichung berechenbaren Grenzwert der Vorzugsgeschwindigkeit v_{Armax} vor:

$$v_{Armax} = \frac{b_{Pkt}}{t_{Ar}} . \qquad (6.48)$$

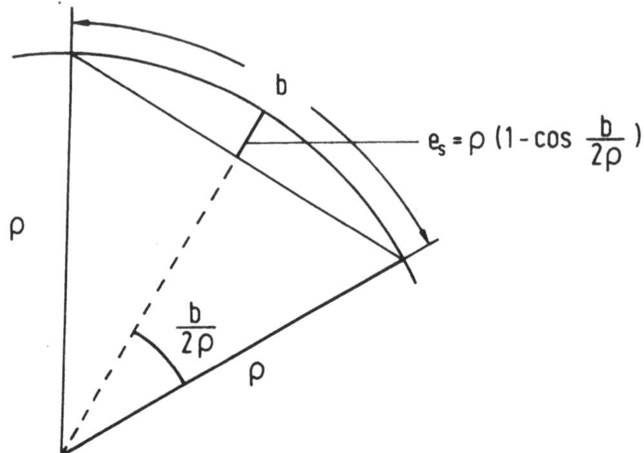

Bild 6.8: Sehnenfehler am Kreis bei linearer Interpolation

Der Meßpunktabstand beim Scannen soll häufig so gewählt werden, daß bei linearer Interpolation zwischen den Stützpunkten ein maximaler Sehnenfehler nicht überschritten wird. Der Sehnenfehler e_s ist, wie Bild 6.8 zeigt, abhängig vom Krümmungsradius des Meßobjektes.
Bei der Einhaltung eines maximalen Sehnenfehlers variiert der Meßpunktabstand mit dem Krümmungsradius. Dadurch hängt auch die obere Grenze der Scanngeschwindigkeit nach folgender Beziehung vom Meßobjekt ab:

$$v_{Armax}(\rho) = \frac{2\rho}{t_{Ar}} \arccos\left(1 - \frac{e_s}{\rho}\right). \qquad (6.49)$$

6.5 Bewertung der Verfahren zur Führungsgrößenerzeugung für das zweiachsige Scannen

Im Kapitel 6 wurden verschiedene Verfahren der Führungsgrößenerzeugung für das zweiachsige Scannen untersucht. Im Bild 6.9 sind die kennzeichnenden Merkmale der Verfahren zusammengefaßt.

Verfahren / Merkmal	Ableitung der Führungsgrößen aus der Taststiftauslenkung	Berechnung der Führungsgrößen aus Antastkoordinaten	
		Polynom 1.Ordnung	Polynom 2.Ordnung
Arithmetische Operationen zur Berechnung der Tangenten=richtung	$T_{xe} = \frac{\Delta v}{\sqrt{\Delta u^2 + \Delta v^2}}$ $T_{ye} = \frac{\Delta u}{\sqrt{\Delta u^2 + \Delta v^2}}$	$T_{xe} = \frac{\dot{x}}{\sqrt{\dot{x}^2 + \dot{y}^2}}$, $T_{ye} = \frac{\dot{y}}{\sqrt{\dot{x}^2 + \dot{y}^2}}$ $\dot{x} = \frac{1}{\Delta t}(x_1 - x_2)$ $\dot{y} = \frac{1}{\Delta t}(y_1 - y_0)$	$\dot{x} = \frac{1}{2\Delta t}x_0 - \frac{2}{\Delta t}x_1 + \frac{3}{2\Delta t}x_2$ $\dot{y} = \frac{1}{2\Delta t}y_0 - \frac{2}{\Delta t}y_1 + \frac{3}{2\Delta t}y_2$
Richtungsfehler der Tangenten=richtung	F = 0,03...0,36	$F = \frac{2\sqrt{2}}{b} \cdot u$	$F = \frac{4\sqrt{2}}{b} \cdot u$
Krümmungs=radius der Bahn	nicht berechenbar, da T zu ungenau	$\rho = \frac{b\rho_i}{\lvert \vec{T}_{ei} \times \vec{T}_{ei-1} \rvert}$	
Zykluszeit für TMS 9900	3 ms	3,5 ms	4 ms

Bild 6.9: Merkmale der Verfahren zur Ermittlung der Vorzugsgeschwindigkeit

Das von den Nachformeinrichtungen bekannte Verfahren der Ableitung der Führungsgrößen aus der Taststiftauslenkung eignet sich besonders, wenn die Führungsgrößenerzeugung, wie in /34/ beschrieben, in analoger Schaltungstechnik aufgebaut ist. Der gravierende Nachteil dieses Verfahrens ist der erhebliche Einfluß der Reibungseffekte zwischen Tastkugel und Meßobjekt auf die ermittelte Vorzugsgeschwindigkeit. Sie enthält bei trockener Reibung eine auf das Meßobjekt gerichtet Komponente, die ein drittel der Vorzugsgeschwindigkeit selbst betragen kann. Solche Richtungsfehler müssen über die Geschwindigkeitsverstärkung der Antastregelung ausgeglichen werden. Für kleine Taststiftauslenkungen ist daher eine entsprechend große Geschwindigkeitsverstärkung erforderlich.

Die Berechnung der Führungsgrößen aus Bahnkoordinaten ist durch wesentlich kleinere Richtungsfehler gekennzeichnet. Da an Koordinatenmeßgeräten gegenüber den Werkzeugmaschinen aufgrund ihres mechanischen Aufbaus nur etwa um den Faktor 10 kleinere Geschwindigkeitsverstärkungen einstellbar sind, ist dieses Verfahren zur Führungsgrößenerzeugung vorzuziehen.

Die Richtungsfehler werden in erster Linie durch die Unsicherheit des Koordinatenmeßgerätes bestimmt. Richtungsfehler unter 1% werden schon bei Polynomen 1. Ordnung und einem Stützpunktabstand von 280μm erreicht, wenn die Unsicherheit des Meßgerätes nicht größer als 1μm ist.
Beim Einsatz von Mikrorechnern bietet sich die Berechnung der Vorzugsrichtung aus den Bahnkoordinaten an. Hauptvorteil dabei ist die genauere Berechnung der Vorzugsrichtung. Die arithmetischen Operationen sind geringfügig aufwendiger als bei der Ableitung der Vorzugsrichtung aus der Taststiftauslenkung. Ohne großen Rechenaufwand läßt sich jedoch dabei die Krümmung des Meßobjektes ermitteln, so daß beim Scannen eine On-Line Anpassung der Bahngeschwindigkeit an die jeweiligen Erfordernisse möglich ist.
Für die Realisierung einer Scanneinrichtung wird im folgenden der Berechnung der Führungsgrößen aus Antastkoordinaten durch ein Polynom 1. Ordnung der Vorzug gegeben, da dabei kleine Richtungsfehler in den Tangentenrichtungen auftreten und nur einfache arithmetische Operationen auszuführen sind.

7 Untersuchung der Bahnabweichungen beim Scannen anhand verschiedener Testbahnen

Auf Werkzeugmaschinen werden durch die Bahnabweichungen der das Werkzeug bzw. das Werkstück tragenden Achsen Maßabweichungen an den Werkstücken verursacht. Im Gegensatz dazu ist es bei Koordinatenmeßgeräten nicht grundsätzlich erforderlich das Tastsystem dem Meßobjekt exakt nachzuführen. Beim Scannen auftretende Bahnabweichungen lenken den Taststift nur aus, die jeweiligen Antastkoordinaten können aus der Auslenkung des Taststiftes und der Position des Tastsystemgehäuses berechnet werden.
Trotzdem sind die beim Scannen auftretenden Auslenkungen des Taststiftes ein wesentliches Leistungsmerkmal. Sie begrenzen die zulässigen Bahngeschwindigkeiten. Die Bahngeschwindigkeit muß reduziert werden, wenn die Gefahr besteht, daß die zulässige Taststiftauslenkung überschritten wird. Sollte der Taststift über seinen mechanischen Anschlag hinaus ausgelenkt werden, so hebt er bei konvexen Meßobjekten ab. An konkaven Konturen kann das Tastsystem zerstört werden.
Die Untersuchung der Bahnabweichungen dient dem Ziel, die auftretenden Taststiftauslenkungen in verschiedenen Betriebsfällen anzugeben, um damit einen Zusammenhang zwischen den möglichen Scanngeschwindigkeiten und den Parametern des Meßgerätes abzuleiten. Systematische Taststiftauslenkungen sollen durch Gleichungen so beschrieben werden, daß in stationären Betriebszuständen eine Kompensation der Taststiftauslenkung möglich wird.
Bei den nun folgenden Betrachtungen zur Lageeinstellung wird die bei der Erzeugung der Antastkraft auftretende Taststiftauslenkung nicht betrachtet (vgl. Kapitel 5.2.3). Auch bei mehrachsigen Tastsystemen wird angenommen, daß die Antastkraft senkrecht auf das Meßobjekt gerichtet ist. Die Kraftgeneratoren werden dazu wie in Bild 5.19 gezeigt, gesteuert bzw. geregelt, daß die Antastkraft ohne Auslenkung des Taststiftes erzeugt wird. Eine durch die Reibung an der Tastkugel verursachte tangential zum Meßobjekt gerichtete Auslenkung des Taststiftes führt über die Antastregelung nach Bild 4.4 zu einer tangential

zum Meßobjekt gerichteten Korrekturgeschwindigkeit, die nur geringfügig die Bahngeschwindigkeit beeinflußt und daher vernachlässigbar ist.

7.1 Bahnabweichungen beim Scannen einer Geraden

7.1.1 Einachsiges Scannen einer Geraden

Zunächst soll der einfache Fall des einachsigen Scannens einer geraden Bahn betrachtet werden. Das Bild 7.1 zeigt die gewählte Anordnung. In Richtung der X-Koordinate des Meßgerätes wird ein Leitvorschub $\vec{v}_L$ vorgegeben. Das Tastsystem besitzt einen Freiheitsgrad in Richtung der Y-Achse.
Eine Antastregelung (vgl. Bild 4.4) führt das Tastsystem dem Meßobjekt nach, sie erzeugt die Korrekturgeschwindigkeit v_{korr} und gleicht dadurch den Winkel γ zwischen der Kontur und der Richtung des Leitvorschubes aus.

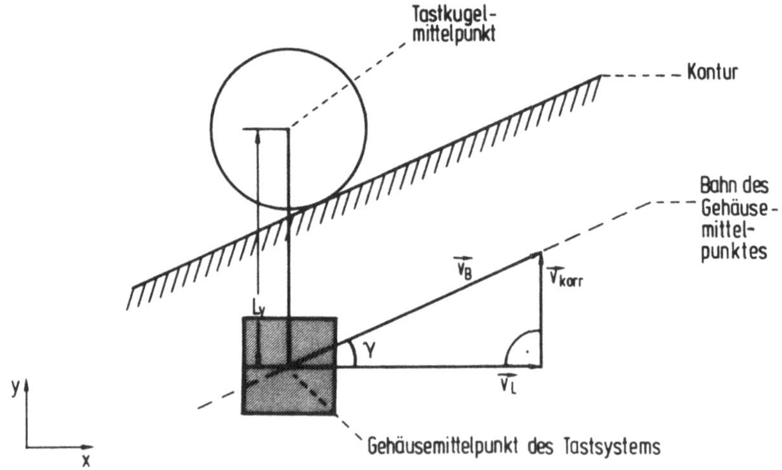

Bild 7.1: Auslenkung des Taststiftes beim einachsigen Scannen einer Geraden

Die Auslenkung des Taststiftes berechnet sich nach der Beziehung:

$$L_y = \frac{v_L}{K_v} \tan \gamma \ . \tag{7.1}$$

7.1.2 Zweiachsiges Scannen einer Geraden

Beim zweiachsigen Scannen ist ein Tastsystem mit zwei Freiheitsgraden und eine Antastregelung in zwei Geräteachsen vorhanden. Gegenüber dem einachsigen Scannen entsteht durch die tangential gerichtete Vorzugsgeschwindigkeit $\vec{v}_T$ eine kleinere Taststiftauslenkung, die durch einen Richtungsfehler in der Vorzugsgeschwindigkeit hervorgerufen wird. Dies ist im Bild 7.2 dargestellt.

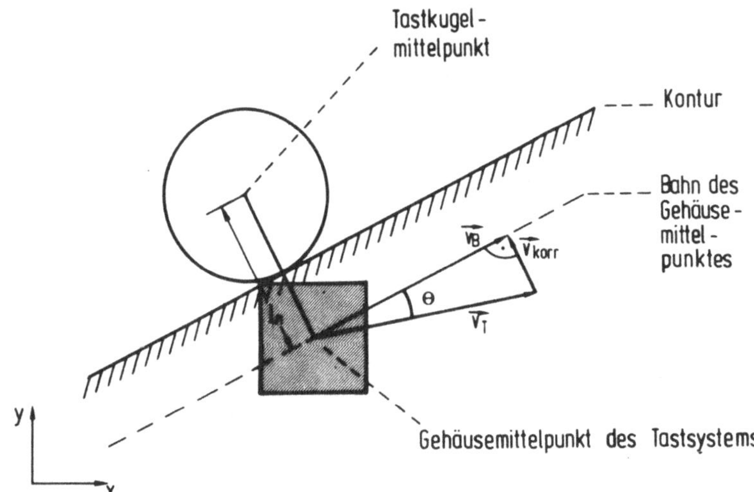

Bild 7.2: Auslenkung des Taststiftes beim zweiachsigen Scannen

Der Betrag der Auslenkung L_n kann entsprechend dem gewählten Verfahren zur Führungsgrößenerzeugung aus dem Richtungsfehler $F \approx \Theta$ (vgl. Gleichung 6.3, 6.36 und Bild 6.5) abgeschätzt werden. Es gilt:

$$L_n \leq \frac{v_T}{K_v} \sin\Theta . \tag{7.2}$$

7.2 Systematische Bahnabweichungen beim Scannen eines Kreises

Für die Untersuchung der Bahnabweichungen beim Scannen von Kreisbahnen muß man den Fall des stationären Scannens betrachten. Das bedeutet, alle Einschwingvorgänge sind abgeklungen, und das Tastsystem bewegt sich mit konstanter Winkelgeschwindigkeit auf einer Kreisbahn.
Um beim stationären Scannen unzulässige Umschaltvorgänge zu vermeiden, muß zweiachsig gescannt werden. Dazu ist ein Tastsystem mit zwei Freiheitsgraden erforderlich. Die Auslenkung des Taststiftes ist immer radial gerichtet, dabei bleibt der Betrag der Taststiftauslenkung konstant. Das Bild 7.3 zeigt die beim stationären Scannen eines Kreises wirksamen Übertragungsglieder der Scanneinrichtung und der Antastregelung.

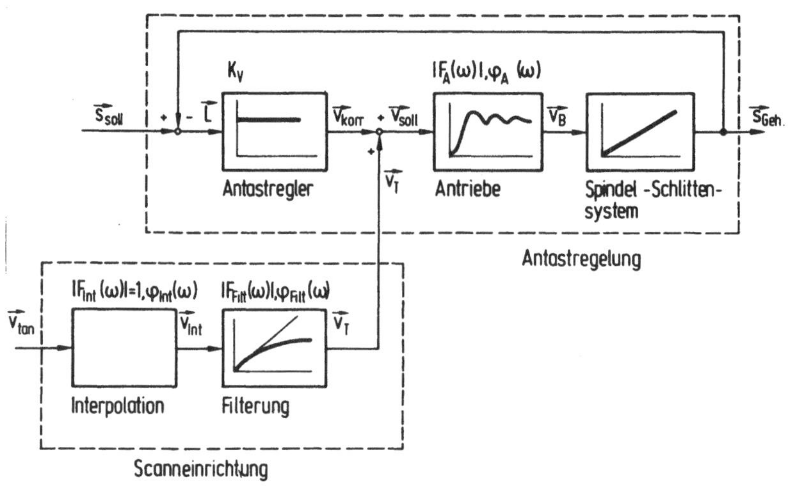

Bild 7.3: Blockschaltbild der Übertragungsglieder beim zweiachsigen Scannen eines Kreises

Die von den einzelnen Übertragungsgliedern verursachten Bahnabweichungen können in diesem stationären Zustand aus der Winkelgeschwindigkeit ω berechnet werden, da die Geschwindigkeiten der beiden lagegeregelten Achsen sich sinusförmig bzw. cosinusförmig ändern. Die systematischen Fehler der Scanneinrichtung

werden durch die Phasenverschiebung bei der Interpolation $\varphi_{Int}(\omega)$ und durch das Übertragungsverhalten der Filterung $|F_{Filt}(\omega)|$, $\varphi_{Filt}(\omega)$ beschrieben. Das dynamische Verhalten der Antastregelung wird vom Frequenzgang $|F_A(\omega)|$, $\varphi_A(\omega)$ der Antriebe bestimmt.
Im folgenden soll nun der Einfluß der einzelnen Übertragungsglieder auf die Taststiftauslenkung untersucht werden.

7.2.1 Richtungsfehler durch die Dynamik der Antriebe

Bei der Berechnung des Einflusses der Dynamik der Antriebe wird von einer idealen Scanneinrichtung ausgegangen. Sie ermittelt für die Antastregelung eine am Gehäusemittelpunkt des Tastsystems tangential gerichtete Vorzugsgeschwindigkeit $\vec{v}_T = \vec{v}_{tan}$.

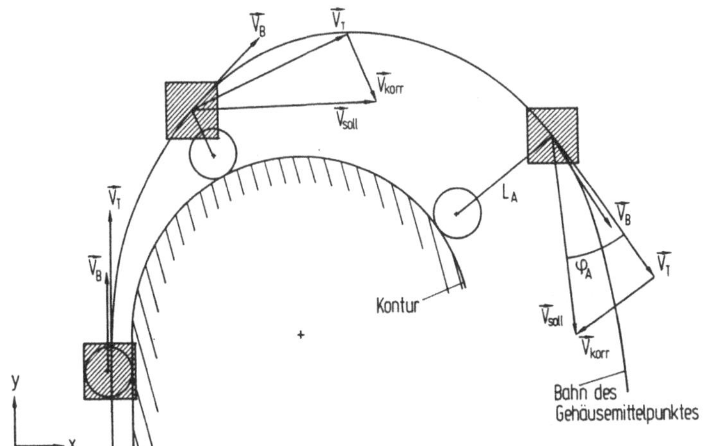

Bild 7.4: Taststiftauslenkung beim Übergang von einer Geraden auf eine Kreisbahn

Die Dynamik der Antriebe verzögert die Sollgeschwindigkeit $\vec{v}_{soll}$ um den Winkel φ_A und verändert den Betrag nach dem Amplitudengang ($v_B = v_{soll}|F_A(\omega)|$). Bei der gesteuerten Vorgabe einer Kreisbewegung ($v_{sollx} = v_{soll}\cos\omega t$, $v_{solly} = v_{soll}\sin\omega t$) führt die Phasenverschiebung der Antriebe, wenn $|F_A(\omega)| = 1$

lediglich zu einer Nacheilung des Gehäusemittelpunktes um den Winkel φ_A ($v_{Bx} = v_{soll} \cos(\omega t - \varphi_A)$, $v_{By} = v_{soll} \sin(\omega t - \varphi_A)$).

Beim Scannen ergibt sich dagegen eine Taststiftauslenkung. Das Bild 7.4 zeigt die Taststiftauslenkung, die am Übergang von einer Geraden auf eine Kreisbahn entsteht. Die Vorzugsgeschwindigkeit $\vec{v}_T$ wird bei einer idealen Scanneinrichtung an der aktuellen Gehäuseposition $\vec{s}_{Geh.}$ ermittelt. Die Phasenverschiebung zwischen $\vec{v}_{soll}$ und $\vec{v}_T$ wird nach Bild 7.3 durch die Addition der Korrekturgeschwindigkeit $\vec{v}_{korr}$ des Antastreglers ausgeglichen:

$$\vec{v}_{soll} = \vec{v}_{korr} + \vec{v}_T \; . \tag{7.3}$$

Im Bild 7.5 sind die Geschwindigkeitsvektoren beim stationären Scannen eines Kreises dargestellt. Die Auslenkung des Taststiftes ergibt sich aus dem Phasengang der Antriebe zu:

$$L_A = \frac{v_T}{K_v} \tan\varphi_A(\omega) \; . \tag{7.4}$$

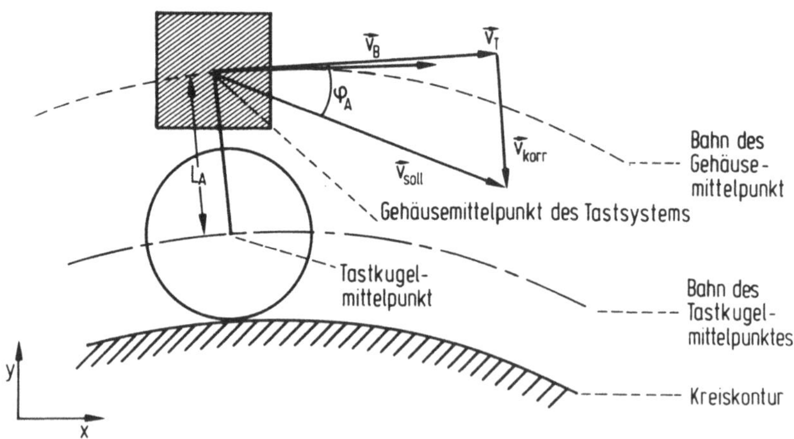

Bild 7.5: Auslenkung des Taststiftes durch die Verzögerung der Antriebe

Der Betrag der sich einstellenden Bahngeschwindigkeit v_B des Tastsystemgehäuses berechnet sich aus dem Frequenzgang der Antriebe $F_A(\omega)$ und der vorgegebenen Vorzugsgeschwindigkeit v_T nach:

$$v_B = |F_A(\omega)| \cdot \sqrt{v_T^2 + v_{korr}^2} \,. \tag{7.5}$$

7.2.2 Richtungsfehler durch die Filterung von Störgrößen

Die in der Scanneinrichtung ermittelte Tangentenrichtung wird, wie in Abschnitt 6.4.1 beschrieben, zur Unterdrückung von kurzperiodischen Richtungsfehlern über einen Tiefpaß gemittelt. Die Übertragungsfunktion $F_{Filt}(\omega)$ des Tiefpasses verzögert die von einer idealen Interpolation vorgegebenen Tangentialgeschwindigkeit $\vec{v}_{tan}$ um den Winkel φ_{Filt} und verändert den Betrag zu $v_T = |F(\omega)|\ v_{tan}$. Das Bild 7.6 zeigt die dabei auftretenden Geschwindigkeitsvektoren.

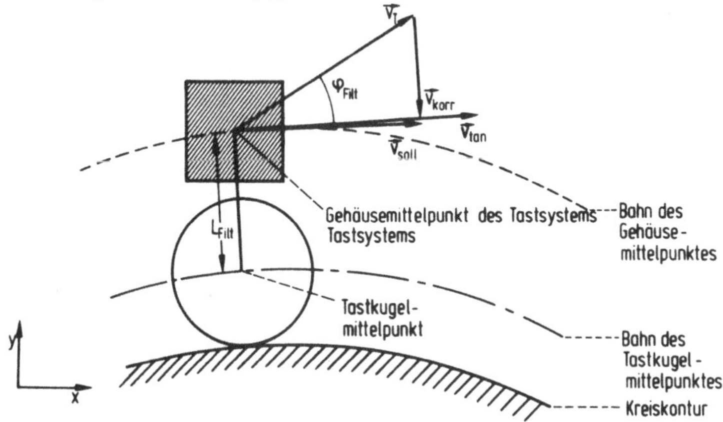

Bild 7.6: Durch die Mittelung der Vorzugsrichtung verursachte Korrekturgeschwindigkeit beim Scannen eines Kreises

Da die hier als verzögerungsfrei angenommenen Antriebe eine tangential gerichtete Sollgeschwindigkeit benötigen, erzeugt der Antastregler (vgl. Bild 7.3) die erforderliche Korrekturgeschwindigkeit $\vec{v}_{korr}$. Die zur Erzeugung dieser Korrekturgeschwindigkeit in der Antastregelung erforderliche Auslenkung des Taststiftes berechnet sich aus dem Frequenzgang des Filters wie folgt:

$$L_{Filt} = \frac{v_{tan}}{K_v} \, |F_{Filt}(\omega)| \, \sin \varphi_{Filt}(\omega) \; . \tag{7.6}$$

7.2.3 Interpolationsfehler

Wenn die Vorzugsrichtung aus Antastpunkten ermittelt wird, entsteht wegen der quasi totzeitbehafteten Interpolation eine Winkeldifferenz zwischen der idealen und der berechneten Tangentenrichtung. Das Bild 7.7 zeigt die Winkelfehler der ermittelten Tangentenrichtung für die im Abschnitt 6.3 beschriebenen Interpolationen 1. und 2. Ordnung im Vergleich zur idealen Tangentenrichtung.

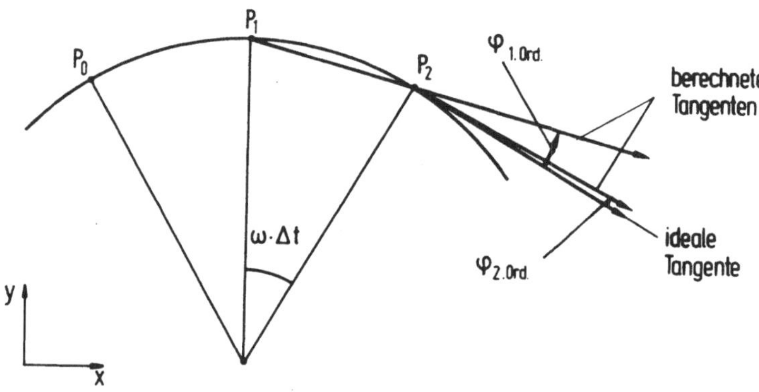

Bild 7.7: Winkelfehler durch die Interpolation

Dabei wird die Tangentenrichtung aus den erfaßten Antastpunkten P_0, P_1 und P_2 mit den Gleichungen 6.21 und 6.22 berechnet. Im Blockschaltbild in Bild 7.3 ist der Interpolationsfehler als Phasenverschiebung $\varphi_{Int}(\omega)$ angegeben. Er berechnet sich als

Winkelabweichung $\varphi_{1.Ord.}$, $\varphi_{2.Ord.}$ von der Tangentenrichtung. Durch diesen Winkelfehler entsteht in der Antastregelung folgende Taststiftauslenkung:

$$L_{Int} = \frac{v_{tan}}{K_v} \sin(\varphi_{Int}),$$

$$L_{1.Ord.} = \frac{v_{tan}}{K_v} \sin\left(\omega\Delta t - \arctan \frac{1 - \cos\omega\Delta t}{\sin\omega\Delta t}\right), \qquad (7.7)$$

$$L_{2.Ord.} = \frac{v_{tan}}{K_v} \sin\left(\omega\Delta t - \arctan 2\, \frac{1 - \cos\omega\Delta t}{\sin\omega\Delta t}\right).$$

7.2.4 Auswertung der systematischen Bahnabweichungen auf einer Kreisbahn

In den vorhergehenden Abschnitten wurden einzelne Ursachen für Bahnabweichungen untersucht. In einem realen System entsteht eine summierte Taststiftauslenkung L_{Σ} durch Überlagerung der in den Gleichungen 7.5, 7.6 und 7.7 angegebenen Auslenkungen. Für sie gilt:

$$L_{\Sigma} = L_A + L_{Filt} + L_{Int}$$

$$= \frac{v_{tan}}{K_v} \left(|F_{Filt}(\omega)| \tan \varphi_A(\omega) + |F_{Filt}(\omega)| \sin \varphi_{Filt}(\omega)\right.$$

$$\left. + \sin(\varphi_{Int})\right). \qquad (7.8)$$

Die Gleichung 7.8 gibt die Auslenkung des Taststiftes beim stationären Scannen einer Kreisbahn an. Diese Auslenkung des Taststiftes kann durch eine senkrecht zum Kreis gerichtete Hilfsgeschwindigkeit $\vec{v}_{Hilfs}$ kompensiert werden. Die Hilfsgeschwindigkeit läßt sich aus den, von der Scanneinrichtung ermittelten Kenngrößen des Abtastvorgangs, wie folgt berechnen:

- Der Betrag der Taststiftauslenkung ergibt sich nach Gleichung 7.8 durch Einsetzen der Winkelgeschwindigkeit ω. Dabei ist ω durch die im Zeitintervall Δt zurückgelegten Bogenlänge Δb beim Radius ρ folgendermaßen bestimmt:

$$\omega = \frac{\Delta b}{\rho \Delta t} = \frac{v_B}{\rho} . \tag{7.9}$$

- Die Hilfsgeschwindigkeit erhält man durch Multiplikation mit dem Normaleneinheitsvektor $\vec{N}_e$ (vgl. Gl. 6.2):

$$\vec{v}_{Hilfs} = \frac{L_{\Sigma}(\omega)}{K_v} \vec{N}_e . \tag{7.10}$$

Für stationäres Scannen von Kreisen kann die Auslenkung des Taststiftes berechnet und gegebenenfalls kompensiert werden.

Maximale Taststiftauslenkung

In der Regel ist das stationäre Scannen eines Kreises ein Sonderfall und hat nur eine praktische Bedeutung für den kleinsten an einem Meßobjekt auftretenden Krümmungsradius ρ_{min}. Man kann so die maximale Auslenkung des Taststiftes L_{max} über die Gleichung 7.8 als eine von ρ_{min} und v_B abhängige Funktion abschätzen:

$$L_{max} \leq L_{\Sigma} \quad , \text{ wobei:} \qquad \omega = \frac{v_{Bmax}}{\rho_{min}} . \tag{7.11}$$

Zu beachten ist, daß die in Gleichung 7.11 angegebene maximale Taststiftauslenkung L_{max} durch Überschwingvorgänge in der Antastregelung um bis zu 10% überschritten werden kann.

7.3 Bahnabweichungen beim Scannen einer Ecke

Für die Untersuchung der Auslenkungen des Taststiftes an Konturübergängen wird im folgenden das Scannen einer Ecke betrachtet. Eine solche Ecke tritt in der Schnittlinie zweier ebener Flächen auf.
Die Orientierung der Ecke kann beliebig gewählt werden, sofern man bei dem Koordinatenmeßgerät von einem linearen System mit gleichem dynamischen Verhalten in allen Achsrichtungen ausgeht.

7.3.1 Scannen einer Innenecke

Die Bahn des Tastkugelmittelpunktes ist beim Scannen einer Innenecke zur Abtastkontur jeweils um den Tastkugelradius versetzt. Liegen die Winkelhalbierenden der Ecke parallel zu einer Geräteachse, so kann die Bewegung in einer Achse, zum Beispiel der X-Achse, linear auf die Zeitachse abgebildet werden.

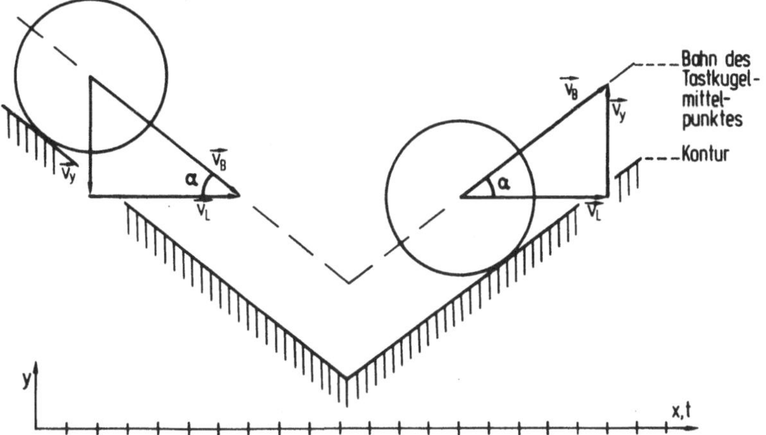

Bild 7.7: Lineare Abbildung der X-Achse auf die Zeitachse

Wie in Bild 7.7 dargestellt, ändert sich die Geschwindigkeit der Geräteachsen nur in der Y-Komponente, die Geschwindigkeit

v_L in X-Richtung bleibt konstant. Der Einfluß der Dynamik der Antriebe wirkt sich daher nur auf eine Achsrichtung aus, so daß die Untersuchung der Bahnabweichungen mit der Zeitfunktionen y(t) erfolgen kann.
Der Leitvorschub $\vec{v}_L$ beim einachsigen Scannen und die Bahngeschwindigkeit $\vec{v}_B$ beim zweiachsigen Scannen bestimmen die Teilung der X-Achse als Zeitachse. Die Zeit t berechnet sich zu:

$$t = x \frac{1}{v_L} = x \frac{\cos\alpha}{v_B} . \qquad (7.12)$$

Die Richtungsänderung an einer Ecke kann durch Überlagerung des stationären Scannens einer Geraden und einer Rampe erzeugt werden. Eine Rampenfunktion ist wie folgt definiert:

$$r(t) = \begin{cases} 0, & \text{für } t < 0 \\ 1, & \text{für } t > 0 \end{cases} . \qquad (7.13)$$

Die Steigung der zu wählenden Rampenfunktion $r^*(t)$ hängt von dem in Bild 7.7 gezeigten Winkel α der Ecke und der Skalierung der X-Achse ab:

$$r^*(t) = 2v_L \tan\alpha \, r(t) = 2 \frac{\cos\alpha}{v_B} \tan\alpha \, r(t) . \qquad (7.14)$$

7.3.1.1 Einachsiges Scannen einer Innenecke

Beim einachsigen Scannen einer Innenecke ändert sich die Richtung der von der Auslenkung des Taststiftes aufgebrachten Geschwindigkeitskomponenten. Entsprechend der neuen Bewegungsrichtung wird von der Kontur über das Tastsystem ein rampenförmiger Lagesollwert vorgegeben. Die Bewegungsbahn des Tastsystemgehäuses $Y_E(t)$ entsteht durch die Überlagerung des Scannens der Geraden $Y_G(t)$ und der Rampenantwort $Y_R(t)$ der Antastregelung:

$$Y_E(t) = Y_G(t) + Y_R(t). \tag{7.15}$$

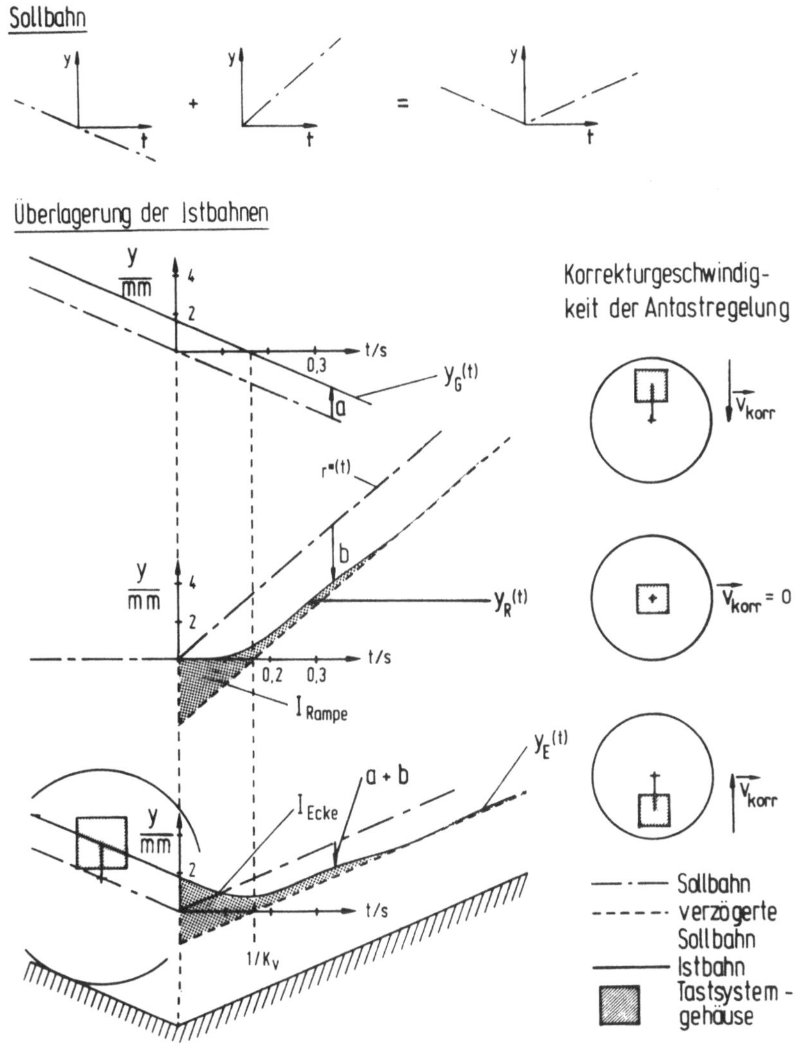

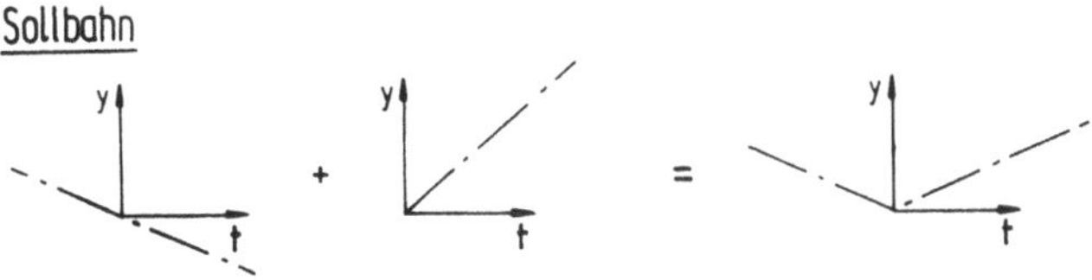

Bild 7.8: Bahnverläufe beim einachsigen Scannen einer Innenecke

Beim stationären Scannen einer Geraden ergibt sich die Bahn des

Tastsystemgehäuses $Y_G(t)$ durch folgende Beziehung:

$$Y_G(t) = -v_L(t - \frac{1}{K_v})\tan\alpha . \tag{7.16}$$

Die Rampenantwort $Y_R(t)$ ist durch das Übertragungsverhalten der Antastregelung bestimmt. Sie nähert sich für große t einer verzögerten Rampenfunktion. Für große t gilt:

$$\lim_{t \to \infty} Y_R(t) = v_L(t - \frac{1}{K_v})\tan\alpha . \tag{7.17}$$

Das Bild 7.8 zeigt die beim einachsigen Scannen einer solchen Ecke (α = 22,5 Grad) entstehenden Bahnverläufe. Die Bahnverläufe wurden mit dem Simulationssystem SIMAS /56/ auf einem VAX-Rechner der Firma Digital Equipment simuliert. Dabei wurde das dynamische Verhalten der Antriebe als PT2-Glied mit T_A = 50ms und D_A = 0,3 angenommen, die Verstärkung der Antastregelung war zu K_v = 6/s eingestellt. Bei der Simulation entspricht die Zeitachse der X-Achse des Meßgerätes. Ihre Teilung wird durch den Leitvorschub v_L = 1,5m/min gemäß Gleichung 7.12 bestimmt.

Um die dynamischen Bahnabweichungen an einer Ecke beurteilen zu können, benötigt man ein Gütekriterium. Wie bei Lageregelkreisen üblich, ist hierzu ein quadratisches Integralkriterium geeignet. Die Differenz zwischen der Sollbahn und der als Vergleichsfunktion verwendeten verzögerten Sollbahn wird gewichtet. Beim Scannen einer Ecke ergibt sich als Gütekriterium die in Bild 7.8 dargestellte Fläche zwischen der verzögerten Sollbahn und der Istbahn $Y_E(t)$. Sie berechnet sich zu:

$$I_{Ecke} = \int_0^\infty (Y_E(t) - v_L(t - \frac{1}{K_v})\tan\alpha)^2 \, dt. \tag{7.18}$$

Die Vergleichsregelfläche I_{Ecke} ist gleich der bei einem rampenförmigen Lagesollwert entstehenden Fläche I_{Rampe}:

$$I_{Rampe} = \int_0^\infty (Y_R(t) - 2v_L(t - \frac{1}{K_v})\tan\alpha))^2\,dt$$
$$= \int_0^\infty (Y_E(t) - Y_G(t) - 2v_L(t - \frac{1}{K_v})\tan\alpha))^2\,dt$$
$$= I_{Ecke}\ . \qquad (7.19)$$

Da sich beim einachsigen Scannen dieselbe Vergleichsregelfäche wie bei der Lageregelung nach einem rampenförmigen Lagesollwert ergibt, gilt die in /53/ untersuchte Optimierung von Lageregelkreisen auch für das einachsige Scannen.
Wird der Antrieb bezüglich seines Zeitverhaltens durch ein Verzögerungsglied 2. Ordnung angenähert, so ergibt sich bei rampenförmigen Lagesollwerten eine minimale Vergleichsregelfläche, wenn D_A = 0,52 gewählt wird und $K_v = 0{,}42\omega_{0A}$ ist. Diese Einstellwerte stellen auch für die Antastregelung ein Optimum dar.

7.3.1.2 Zweiachsiges Scannen einer Innenecke

Beim zweiachsigen Scannen werden von der Kontur vorgegebene Geschwindigkeitssollwerte und die in der Scanneinrichtung ermittelte Vorzugsgeschwindigkeit addiert.
Für eine einheitliche Darstellung der Bewegungsgrößen in Bild 7.9 wurde die Vorzugsgeschwindigkeit in einen Lagesollwert umgerechnet. Der sprungförmige Verlauf des Lagesollwertes resultiert aus der Vorzeichenänderung der Y-Komponente der Vorzugsgeschwindigkeit. Die Sprunghöhe $2L_y$ berechnet sich aus der Geschwindigkeitsverstärkung der Antastregelung zu:

$$L_y = \frac{1}{2} \cdot \frac{v_B}{\cos\alpha} \cdot \frac{1}{K_v}\ . \qquad (7.20)$$

Der Verlauf der Istbahn des Tastsystemgehäuses entsteht beim zweiachsigen Scannen als Überlagerung einer Sprungantwort zum einachsigen Scannen. Die Bahnabweichungen werden durch die Zeitverzögerung bei der Mittelung der Vorzugsrichtung und durch das Übertragungsverhalten der Antriebe verursacht.

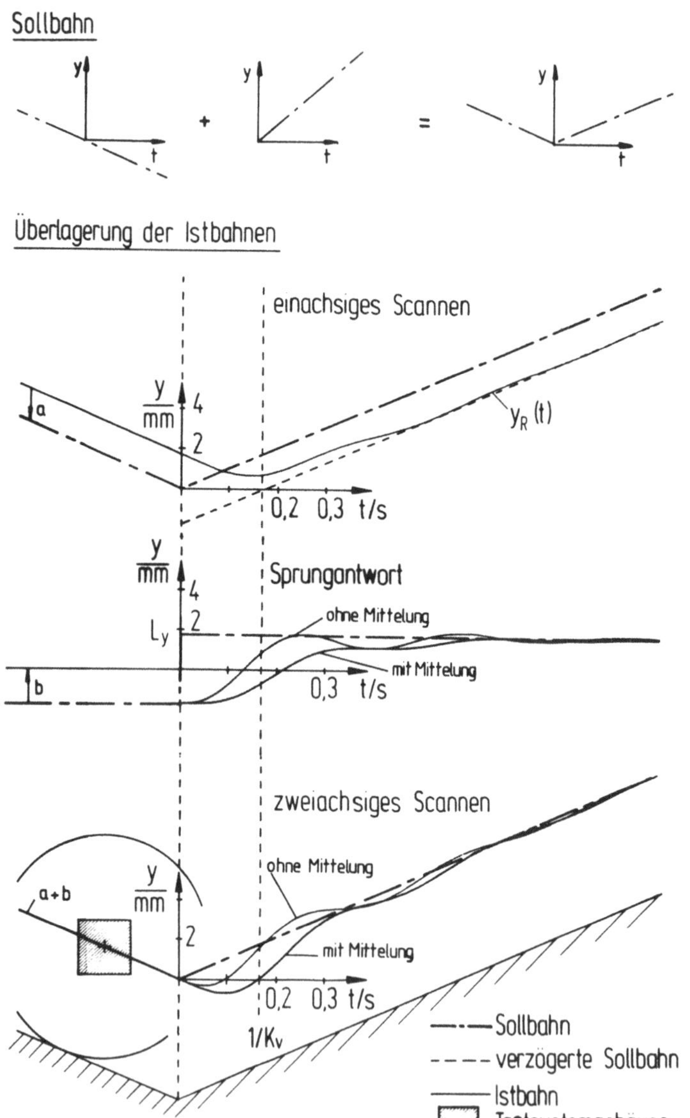

Bild 7.9: Bahnverläufe beim zweiachsigen Scannen einer Innenecke

Das Bild 7.9 zeigt die simulierten Bahnverläufe für die Bahngeschwindigkeit $v_B = 2\sqrt{1,5}$m/min, mit und ohne Mittelung der Vorzugsrichtung durch ein PT1- Glied mit T_{Filt} = 100ms. Die Parameter der Antriebe waren zu: T_A = 50ms, D_A = 0,3 und K_v = 6/s gewählt.
Die Lageeinstellung beim zweiachsigen Scannen ist mit einer konventionellen Lageregelung mit Hilfsgrößenaufschaltung vergleichbar. Bei der Hilfsgrößenaufschaltung wird zu der Stellgröße des Lagereglers eine Hilfsgröße addiert. Beim Scannen übernimmt die Antastregelung die Funktion der Lageregelung. Die Scanneinrichtung ermittelt die Hilfsstellgröße.
Lageregelungen mit Hilfsgrößenaufschaltung wurden in /54/ untersucht. Danach ergibt sich für das hier untersuchte zweiachsige Scannen ein optimales Führungsverhalten, wenn $0,5 \leq D_A \leq 0,6$ und $0,3\omega_{0A} \leq K_v \leq 0,4\omega_{0A}$ ist.

7.3.2 Messung der Bahnabweichungen an einem Koordinatenmeßgerät

Zur Bestätigung der durch Simulation ermittelten Bahnverläufe wurden mit einem Koordinatenmeßgerät Ecken gescannt. Die Messungen wurden an einer flexiblen Meßzelle der Mauser Werke Oberndorf (FMZ 555) mit einem einachsigen Tastsystem vorgenommen. Die Lagesollwerterzeugung und Lageregelung erfolgte mit einer MPST-Steuerung (vgl. Kapitel 8.2).
Zur Charakterisierung der dynamischen Eigenschaften des Meßgerätes wurden die Vorschubachsen mit einem Frequenzgangmeßplatz untersucht. Aus dem Amplituden- und Phasengang konnte für die Einstellung des Lagereglers eine Kennkreisfrequenz des Antriebes von ω_{0A} = 63/s ermittelt werden. Die Geschwindigkeitsverstärkung wurde zu $K_v = 0{,}22\omega_{0A}$ = 13,9/s gewählt.
In den folgenden Bildern 7.10 ... 7.13 sind die gemessenen Bahnverläufe beim Scannen einer Ecke von 135 Grad für verschiedene Betriebsfälle dargestellt. Bei der Messung der Bahnverläufe wurden die Koordinatenwerte der Bahn des Tastsystemgehäuses und die Taststiftauslenkung erfaßt und aufgezeichnet.

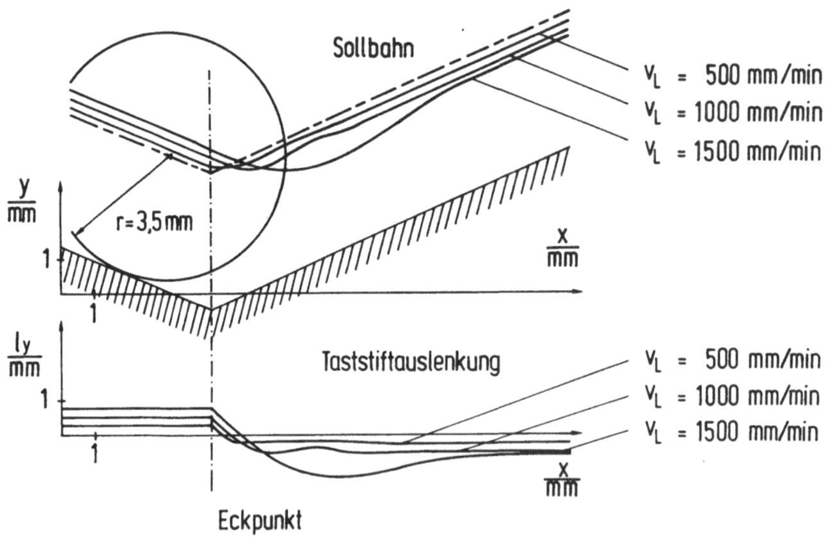

Bild 7.10: Einachsiges Scannen einer Innenecke

Beim einachsigen Scannen wurden verschiedene Leitvorschübe v_L in Richtung der X-Achse eingestellt. Die Kinematik der Tastkugel fügt an einer Außenecke einen Übergangskreis mit dem Radius der Tastkugel r = 3,5mm ein.
An Konturübergängen ändert sich die Taststiftauslenkung entsprechend den vor bzw. nach der Ecke auftretenden Neigungswinkeln α_1, α_2. Die Änderung der Auslenkung berechnet sich zu:

$$\Delta L_Y = \frac{1}{K_v v_L} * (\tan\alpha_1 - \tan\alpha_2) . \qquad (7.21)$$

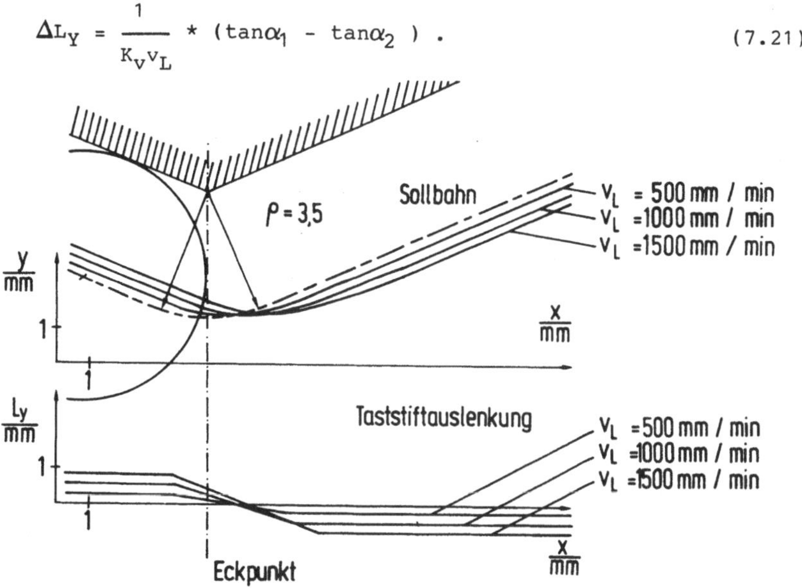

Bild 7.11: Einachsiges Scannen einer Außenecke

Die Bilder 7.12 und 7.13 zeigen die gemessenen Bahnverläufe beim zweiachsigen Scannen. Auf den Geradenstücken wird die Auslenkung des Taststiftes durch die von der Scanneinrichtung ermittelten Vorzugsgeschwindigkeit kompensiert.
Bahnabweichungen treten an den Konturübergängen auf. Sie werden durch die Dynamik der Antriebe und von der Mittelung der Vorzugsgeschwindigkeit verursacht. In den gezeigten Diagrammen wurden verschiedene Bahngeschwindigkeiten v_B von der Scannein-

richtung eingestellt.

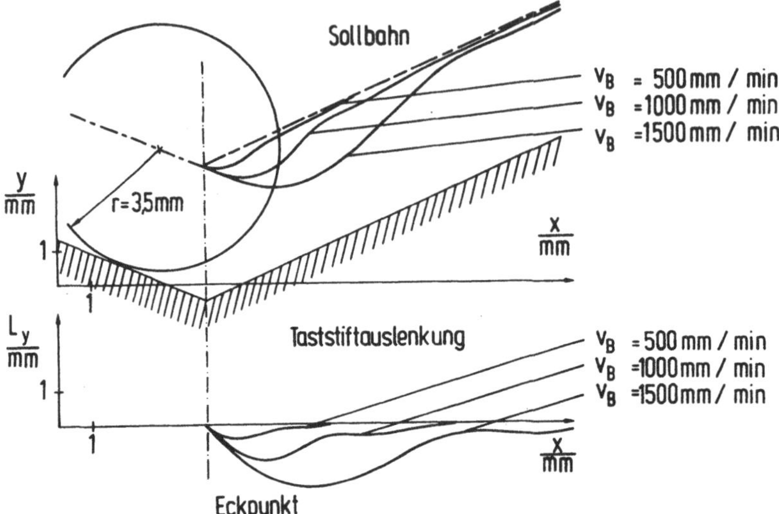

Bild 7.12: Zweiachsiges Scannen einer Innenecke

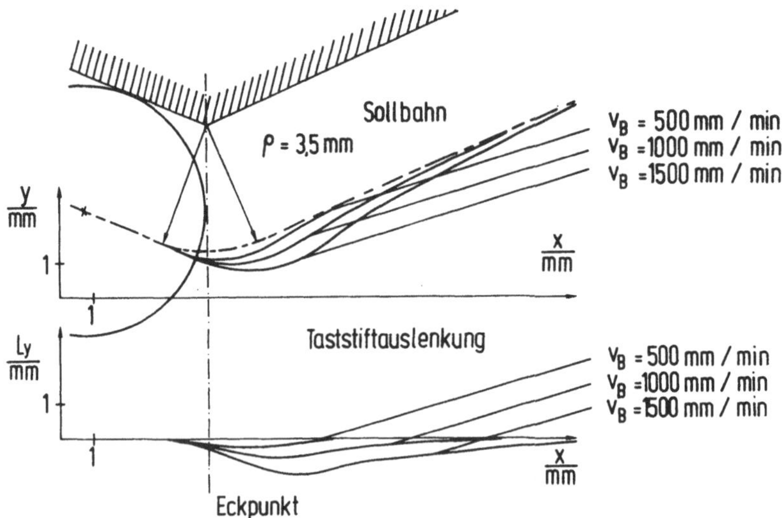

Bild 7.13: Zweiachsiges Scannen einer Außenecke

Die von der Scanneinrichtung vorgegebene Vorzugsgeschwindigkeit wurde bei den Messungen gemittelt. Als Filter wurde ein Verzögerungsglied 1. Ordnung mit einer Zeitkonstanten von T_{Filt} = 100ms verwendet. Dadurch werden die durch die Rauheit des Meßobjektes und durch die Unsicherheit der Führungsgrößenerzeugung verursachten Richtungsfehler gemittelt. Man vermeidet so die bei hohen Verfahrgeschwindigkeiten auftretende Schwingungsneigung der Lageregelung.
Sind im Lageregelkreis keine elastischen Übertragungsglieder vorhanden, so wirken Störungen der Vorzugsgeschwindigkeit weniger anregend und können durch das Tiefpaßverhalten der Lageregelung selbst unterdrückt werden. Entsprechend der Simulation erhält man in diesem Fall geringere Bahnabweichungen (vgl. Bild 7.9).

8 Realisierung eines Bausteinsystems zur Steuerung von Koordinatenmeßgeräten

Die Erprobung der in dieser Arbeit untersuchten Verfahren zur Führungsgrößenerzeugung und zur Meßwerterfassung mit schaltenden und messenden Tastsystemen erfordert ein Bausteinsystem, welches Eingriffe in die Lageeinstellung und in die Schnittstellen zwischen den Teilsystemen ermöglicht. Die heute angebotenen Koordinatenmeßgeräte sind geschlossene Systeme, die aus Koordinatenmeßgerät, Tastsystem, Steuerung und Auswerterechner bestehen. Da die Schnittstellen und Funktionen der Teilsysteme durch den Anwender nicht modifiziert werden können, wurde für die Realisierung der untersuchten Steuerfunktionen das modulare Mehrprozessor-Steuersystem (MPST) eingesetzt /57/.
Dieses System gestattet es, durch parallel arbeitende Mikroprozessoren und verschiedenartige Ein-/Ausgabemoduln, unterschiedliche Steuerungsaufgaben mit Hilfe einer entsprechenden Kombination von Bausteinen zu lösen. Das Bild 8.1 zeigt das Prinzip des Mehrprozessor-Steuersystems. Die Komponenten des Steuersystems werden durch den in DIN 66264 /21/ definierten Parallelbus verbunden.

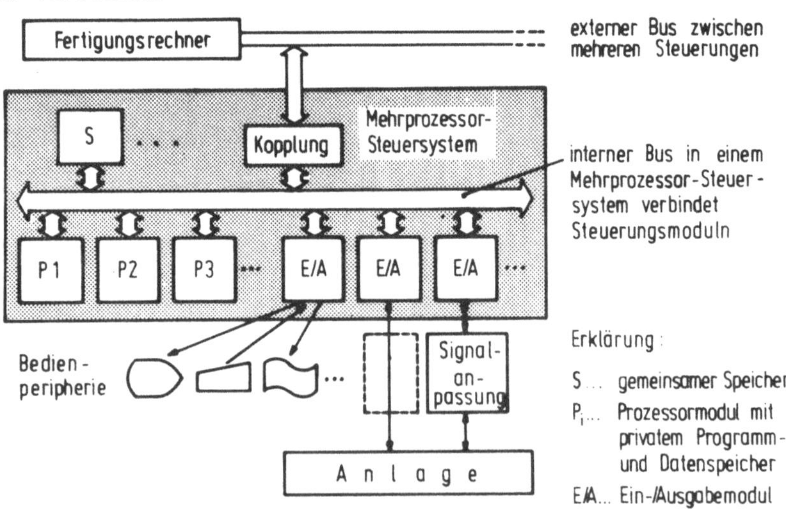

Bild 8.1: Prinzip des modularen Steuersystems MPST /57/

Die Entwicklung eines Steuersystems auf der Basis von parallel arbeitenden Mikrorechnern erfordert, wie in Bild 2.4 dargestellt, auf funktionaler Ebene eine Analyse der Funktionen und die Zusammenfassung von Funktionen zu Funktionsblöcken. Funktionsblöcke bestehen aus Hard- und Softwarebausteinen. Als Hardwarebausteine werden fest programmierte, fest verdrahtete und frei programmierbare Bausteine eingesetzt. Frei programmierbare Bausteine sind universelle Mikrorechnerkarten, die ihre Aufgabe in einem Funktionsmodul durch funktionelle Softwarebausteine erfüllen /8, 58/.
Die in den folgenden Abschnitten beschriebenen Steuerungen wurden bei Steuerungsentwicklungen für Koordinatenmeßanlagen realisiert. Dabei entstand ein Bausteinsystem zur Steuerung der Geräteachsen von Koordinatenmeßgeräten mit schaltenden /59/ und messenden Tastsystemen. Die verwendeten Steuerungskomponenten konnten teilweise aus dem MPST-Bausteinkatalog /60/ ausgewählt werden. Neue Hard- und Softwarebausteine wurden für die speziellen Steuerfunktionen der Koordinatenmeßgeräte entwickelt.

8.1 Steuerung eines Koordinatenmeßgerätes mit schaltendem Tastsystem

Zur Erprobung der Steuerfunktionen für schaltende Tastsysteme gemäß den Anforderungen nach Kapitel 5.1.2 wurde eine erste Steuerung im Rahmen eines vom Bundesministerium für Forschung und Technologie geförderten Vorhabens entwickelt /61/. Das Koordinatenmeßgerät der dabei aufgebauten Koordinatenmeßanlage besitzt vier numerisch gesteuerten Achsen und ein schaltendes Tastsystem. Ein als separater Kleinrechner ausgeführter Auswerterechner gibt der Steuerung über das IEC-Interface die Steuerdaten vor. Er übernimmt die Antastkoordinaten von der Steuerung und erstellt ein Meßprotokoll.
Die Programmbausteine der Steuerung wurden auf zwei Mikrorechnerkarten auf der Basis des TMS 9900 verteilt. Eine ist für die Bedien- und Steuerdaten Ein-/ und Ausgabe (BSEA) und für die NC-Datenverarbeitung und -aufbereitung (NCVA) zuständig. Das Bild 8.2 zeigt die Struktur der Steuerung.

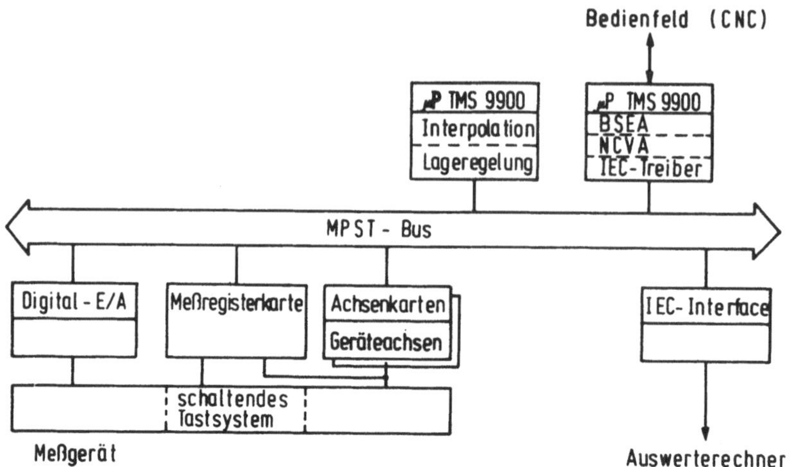

Bild 8.2: CNC für ein Koordinatenmeßgerät mit schaltendem Tastsystem

Für den Anschluß des Auswerterechners wurde eine Buskopplung zwischen dem IEC-Bus /62/ und dem MPST-Bus aufgebaut. Das Bild 8.3 zeigt das Blockschaltbild des IEC-Interface.

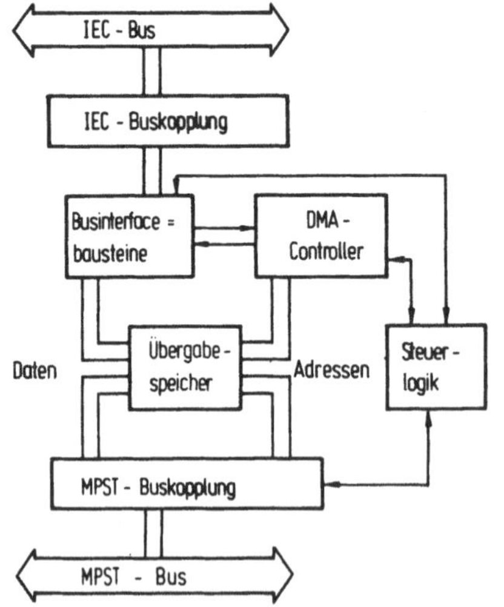

Bild 8.3: Blockschaltbild des IEC-Interface

Die Interfacekarte umfaßt Businterfacebausteine, einen Übergabespeicher und einen DMA-Controller (Direct Memory Access). Die Interfacekarte wickelt die Datenübertragungsprotokolle selbständig ab. Sie wird dazu vom IEC-Treiber vor der Datenübertragung entsprechend initialisiert. In /63/ ist die Realisierung dieser Steuerungsschnittstelle mit den an die DIN 66025 /18/ angelehnten Steuerdaten ausführlicher dargestellt.

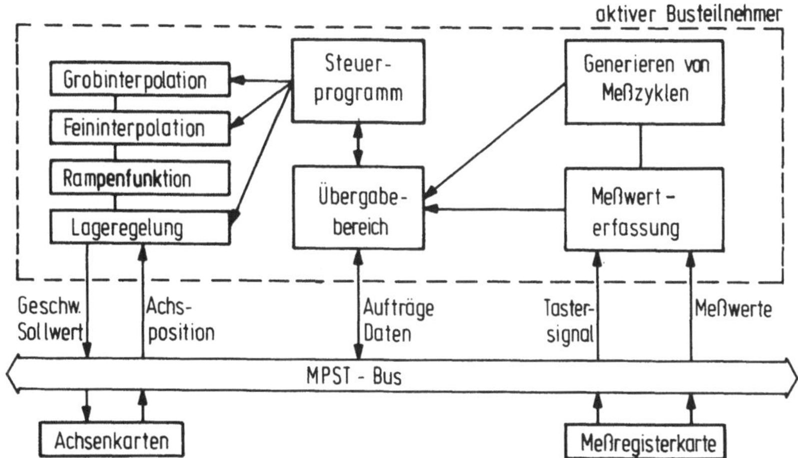

Bild 8.4: Funktionsblöcke und Datenfluß in der Geometriedatenverarbeitung

Zur Steuerung der Geräteachsen wurde ein vorhandener Baustein für die Geometriedatenverarbeitung /64/ modifiziert. Das Bild 8.4 zeigt die Funktionsprogramme und den Datenfluß im Funktionsblock Geometriedatenverarbeitung. Er arbeitet nach dem Prinzip einer konventionellen Bahnsteuerung. Seine Führungsgrößenerzeugung ist mehrstufig aufgebaut aus Grobinterpolation, Feininterpolation und einem Slope zur Führungsglättung.
Um eine schnelle Erfassung der Antastkoordinaten zu gewährleisten, wurde zu dem Programmbaustein Meßwerterfassung eine Meßregisterkarte entwickelt. Das Bild 8.5 zeigt das Blockschaltbild der Meßregisterkarte. Die Meßregisterkarte summiert in den Zählern die Impulse der inkrementellen Wegmeßsysteme der Geräteachsen. Beim Berühren des Taststiftes werden die Zählerstände

in den Meßregistern gespeichert. Dabei wird eine von der Software auswertbare Kennung gesetzt, so daß die Zählerstände zeitlich entkoppelt über den MPST-Bus gelesen und an den Auswerterechner weitergeleitet werden können.

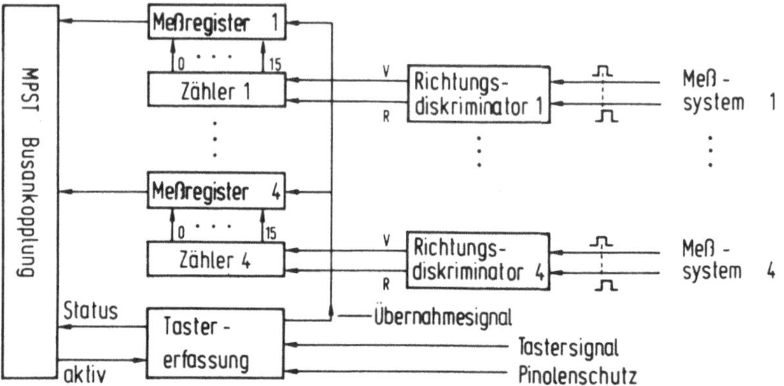

Bild 8.5: Blockschaltbild der Meßregisterkarte

Bild 8.6: Vermessen eines Pumpenlaufrades (Quelle: Fa. MAN)

Der Funktionsnachweis der Steuerfunktionen für schaltende Tastsysteme wurde bei der 4-achsigen Vermessung von Pumpenlaufrädern erbracht /61/. Das Bild 8.6 zeigt ein Pumpenlaufrad auf dem Drehtisch des Koordinatenmeßgerätes.
Um Form und Lage der Schaufeln zu überprüfen sind an jedem Pumpenlaufrad 144 Meßpunkte anzutasten. Beim Auswerten werden die Antastkoordinaten mit gespeicherten Sollwerten verglichen. Dabei ist gefordert, daß die Antastpunkte durch programmierte Verfahrbewegungen in beliebiger Richtung exakt angefahren werden. Gegenüber der bisher durchgeführten manuellen Vermessung auf einem älteren Koordinatenmeßgerät konnte die Meßzeit von 6 bis 8 Stunden auf etwa 20 Minuten reduziert werden. Dieses Beispiel zeigt deutlich, welche Vorteile sich ergeben, wenn in einem automatischen Betrieb programmierte Antastvektoren von einer Bahnsteuerung exakt angetastet werden.

8.2 Steuerung eines Koordinatenmeßgerätes mit messendem Tastsystem

Zum Funktionsnachweis der für messende Tastsysteme entwickelten Verfahren für die Ansteuerung der Kraftgeneratoren und die Führungsgrößenerzeugung wird in diesem Kapitel die realisierte Steuerung vorgestellt. Dabei wird auf die für schaltende Tastsysteme entwickelte Steuerung aufgebaut. Die Steuerungsstruktur für schaltende Tastsysteme (vgl. Bild 8.2) wurde beibehalten und, wie das Bild 8.7 zeigt für messende Tastsysteme erweitert. Die Programme der Bedien- und Steuerdatenverarbeitung konnten nahezu unverändert übernommen werden. Sie wurden aufwärtskompatibel um die Bedienfunktionen für das messende Tastsystem erweitert. Die Bedien- und Steuerdatenverarbeitung bedient die Schnittstelle zum Auswerterechner und die Schnittstelle zum Bedienfeld unabhängig vom verwendeten Tastsystem. Als Datenschnittstelle zur Geometriedatenverarbeitung wurde ein Übergabespeicher definiert. Er befindet sich auf der Mikrorechnerkarte, die für die Ablaufsteuerung, die Interpolation und die Lageregelung zuständig ist. Die Scanneinrichtung und die Regelung des Tastsystems werden von der Ablaufsteuerung der Geometriedatenverarbeitung beauftragt. Sie sind auf getrennten Mikrorechnerkarten untergebracht.

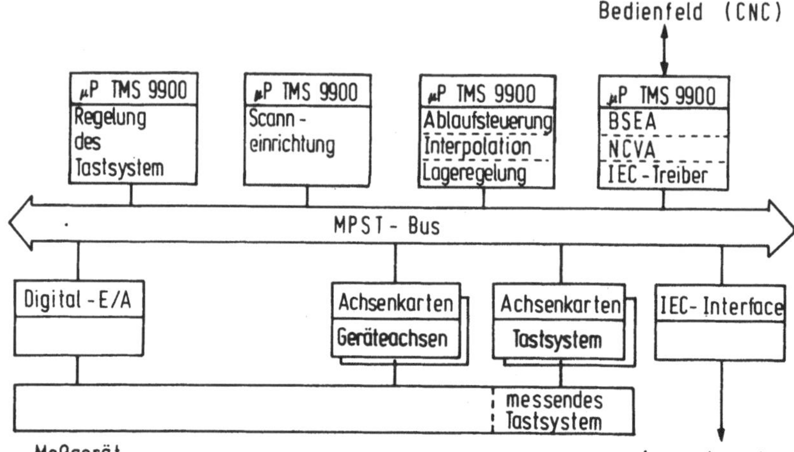

Bild 8.7: Struktur der Steuerung für ein Koordinatenmeßgerät mit messendem Tastsystem

Die Regelung des Tastsystems erfaßt die Auslenkungen des Taststiftes und steuert die Kraftgeneratoren gemäß den in Kapitel 5.2.3 erläuterten Betriebszuständen. Der Regler arbeitet als Abtastregler mit einer Zykluszeit von 2ms. Er regelt die Auslenkung des Taststiftes und erzeugt eine zur Auslenkung proportionale Antastkraft entsprechend der in Bild 5.16 dargestellten Struktur. Eine vektorielle Antastkraft wird durch Verändern der Sollauslenkung vorgegeben.

Die Scanneinrichtung ermöglicht ein zweiachsiges Scannen. Sie bestimmt die Orientierung des Meßobjektes durch Linearinterpolation zwischen den Stützpunkten nach Gleichung 6.22 und ermittelt eine betragsmäßig an die Krümmung des Meßobjektes angepaßte Vorzugsgeschwindigkeit. Zusätzlich wird für die Regelung des Tastsystems die Normalenrichtung zum Einstellen der Antastkräfte berechnet. Die Scanneinrichtung hat folgende Kenndaten:

- maximale Bahngeschwindigkeit v_B = 3m/min
- Anfahr- und Bremsbeschleunigung beim Scannen 50mm/s^2

- Die Zykluszeit der Scanneinrichtung beträgt 10ms. Aus der maximalen Bahngeschwindigkeit ergibt sich für die Berechnung der Tangentenrichtung ein Wegintervall von b = 500μm. Bei kleinen Scanngeschwindigkeiten wird ein minimales Wegintervall von b = 140μm eingehalten. Bei solchen kurzen Meßlängen entsteht eine im wesentlichen durch die Quantisierung der Wegmeßsysteme verursachte Unsicherheit der Tangentenrichtung. Bei U = 1μm ergibt sich nach Gleichung 6.37 in der Tangentenrichtung ein Summenfehler, der kleiner als 4% ist.
- Anpassung der Abtastgeschwindigkeit:
  Bei Krümmungsradien des Meßobjektes kleiner als 25mm wird die Scanngeschwindigkeit so reduziert, daß eine konstante Winkelgeschwindigkeit entsteht. Diese Winkelgeschwindigkeit ist ein wählbarer Steuerungsparameter. Sie wurde zu $\omega = 2s^{-1}$ eingestellt. Der Betrag der Bahngeschwindigkeit wird mit Hilfe des nach den Gleichungen 6.42 ... 6.46 berechneten Krümmungsradius mit einer Unsicherheit von 10% bestimmt.

Der dritte Baustein der Geometriedatenverarbeitung, die Lageregelung regelt die Istposition der Geräteachsen nach zwei wählbaren Führungsgrößen. Das Bild 8.8 zeigt die realisierte Struktur des Lageregelkreises für eine Achsrichtung. Je nach Schal-

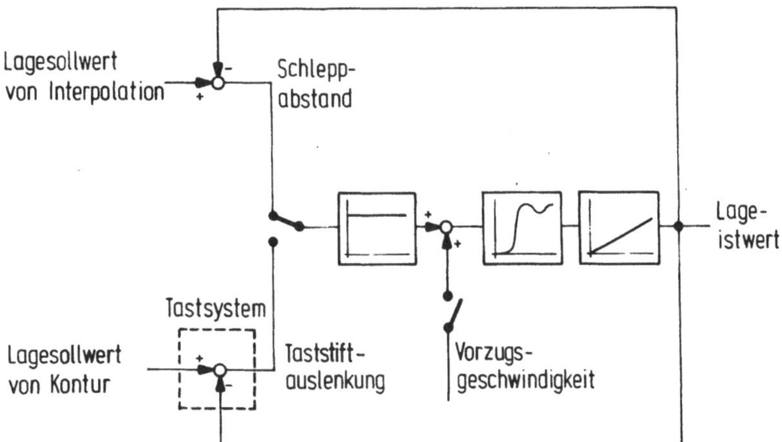

Bild 8.8: Lageregelkreis für eine Achsrichtung

terstellung sind folgende Modifikationen der Lageregelung vorgesehen:

- Im Positionierbetrieb werden die Lagesollwerte wie bei einer konventionellen Bahnsteuerung von der Interpolation berechnet.
- Die Lageregelung arbeitet als Antastregelung, wenn die Lagesollwerte von einem Meßobjekt vorgegeben werden.
- Für das zweiachsige Scannen ist ein Eingang zum Verarbeiten der in der Scanneinrichtung berechneten Vorzugsgeschwindigkeit vorhanden.

Die Ablaufsteuerung der Geometriedatenverarbeitung wählt die Schalterstellung in den Lageregelkreisen. Vor dem Umschalten eines Lagesollwertes ist die Geschwindigkeitsverstärkung so zu reduzieren, daß bei der Vorgabe einer anderen Führungsgröße keine Sprünge im Geschwindigkeitssollwert der Antriebe entstehen. Ein solcher Umschaltvorgang ist abgeschlossen, sobald die Geschwindigkeitsverstärkung wieder auf den nominellen Wert gebracht und die Taststiftauslenkung bzw. der Schleppabstand ausgeregelt ist.

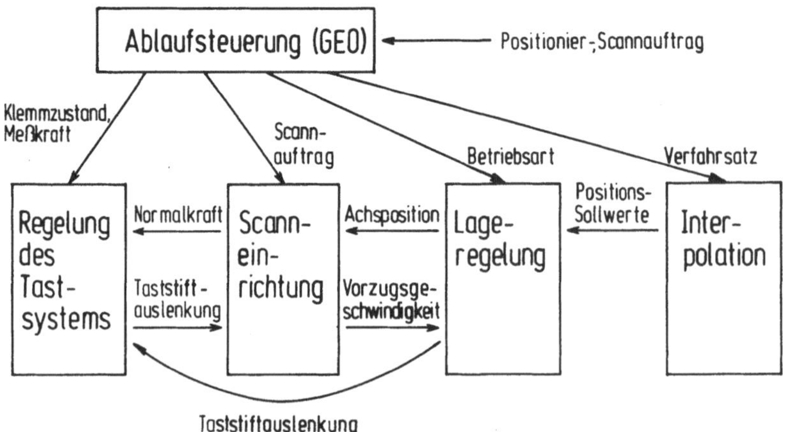

Bild 8.9: Datenfluß zwischen den Bausteinen der Geometriedatenverarbeitung

Der Datenfluß zwischen den Bausteinen der Geometriedatenverarbeitung ist im Bild 8.9 dargestellt. Die Ablaufsteuerung gibt entsprechend dem vorgegebenen Positionier- oder Scannauftrag die Steuerparameter und die Betriebsart für die Funktionsbausteine vor. Sie überwacht die Durchführung der Aufträge und führt die Kollisionsüberwachung des Tastsystems durch.
Die Kommunikation der Bausteine erfolgt über Datenschnittstellen nach /65/. Die Datenschnittstellen sind so strukturiert, daß auf sie bei Bedarf von mehreren Programmbausteinen aus zugegriffen werden kann. Da die Datenstrukturen wahlweise auf dem lokalen Speicher oder dem Übergabespeicher der Mikrorechnerkarten anlegbar sind, können die einzelnen Programmbausteine

Bild 8.10: Versuchsaufbau zum Test der Steuerfunktionen für messende Tastsysteme

je nach Rechenzeitbedarf auf einer oder mehreren Mikrorechnerkarten untergebracht werden.
Mit der entwickelten Steuerung (vgl. Bild 8.7) konnte die Funktionsfähigkeit der für messende Tastsysteme entwickelten Steuerfunktionen überprüft werden. Das Bild 8.10 zeigt die dabei verwendete Koordinatenmeßanlage. Das Tastsystem wurde durch ein einachsiges Modell mit elektrisch steuerbaren Kraftgeneratoren verwirklicht. Es war, wie Bild 8.11 zeigt ortsfest auf dem Koordinatenmeßgerät befestigt. In die Pinole des Koordinatenmeßgerätes war ein starrer Taststift eingesetzt. Die Bewegungen der Geräteachsen wurden über den starren Tastsift auf eine Schablone übertragen, die als Meßobjekt an der Tastschaukel angebracht war.

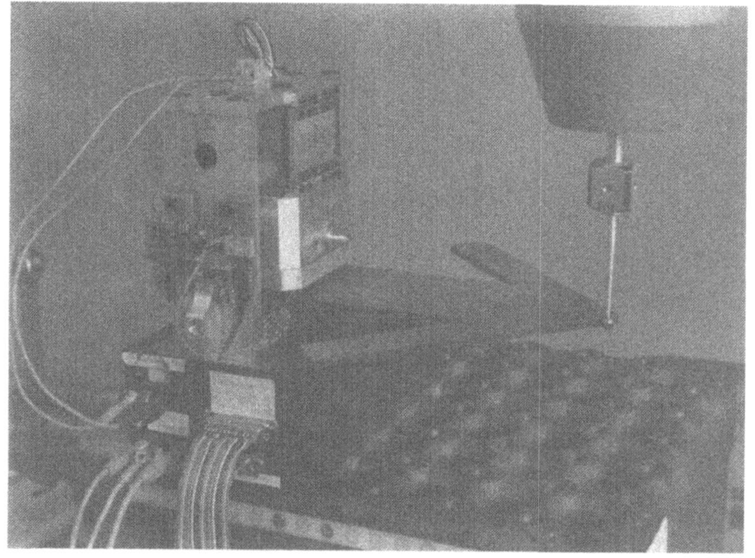

Bild 8.11: Ortsfestes Modell des messenden Tastsystems

Mit diesem Versuchsaufbau wurde insbesondere die Ansteuerung der Kraftgeneratoren und die Führungsgrößenerzeugung für das ein- und quasi-zweiachsige Scannen (vgl. Bild 7.10 ... 7.13) erprobt.

Die im Rahmen dieser Arbeit entwickelten Bausteine decken die gerätenahen Steuerfunktionen für Koordinatenmeßgeräte ab. Die Hardware- und Softwarebausteine ermöglichen eine aufgabenspezifische Konfiguration des Steuersystems. Das Bild 8.12 zeigt beispielhaft die Funktionserweiterung der Steuerung für ein Handhabungsgerät und einen in die Steuerung integrierten Auswerterechner. Für die Auswertesoftware wird eine Mikrorechnerkarte auf der Basis eines 32-Bit-Mikroprozessors der Firma National Semiconductor /66/ verwendet. Die Steuerfunktionen für das Handhabungsgerät werden durch Duplizieren der Bausteine der Geometriedatenverarbeitung integriert.

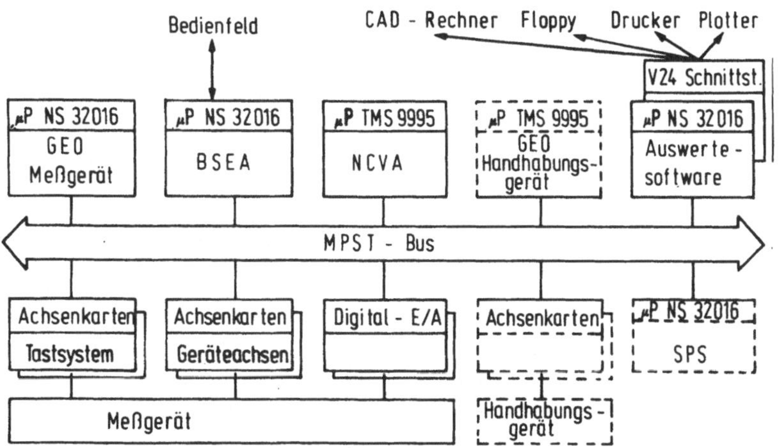

Bild 8.12: Steuersystem für ein Meß- und Handhabungsgerät mit integriertem Auswerterechner

Wie in diesem Kapitel gezeigt wurde, konnten mit den für schaltende und messende Tastsysteme entwickelten Steuerungen die theoretisch abgeleiteten Verfahren zur Führungsgrößenerzeugung und die Konzepte zur Lageregelung und zur Einstellung der Antastkräfte praktisch angewandt und ihre Funktionsfähigkeit nachgewiesen werden. Durch die Realisierung der entwickelten Steuerfunktionen als MPST-Funktionsmodule ist, wie die Bilder 8.2, 8.7 und 8.12 zeigen eine flexible Anpassung des Steuersystems an neue Steuerungsaufgaben gegeben.

9 Zusammenfassung

Die vorliegende Arbeit befaßt sich mit der gerätenahen Steuerung von Koordinatenmeßgeräten mit schaltenden und messenden Tastsystemen. Während bei der Auswertung von Antastpunkten viele Ansätze bekannt sind, fehlen systematische Untersuchungen zur Steuerung der Geräte- und Tastsystemachsen für den Bereich der Koordinatenmeßanlagen. Diese Lücke soll durch die Analyse und die Systematisierung der benötigten Steuerfunktionen und die Diskussion der spezifischen steuerungstechnischen Aspekte geschlossen werden.

Zunächst waren die Funktionen der einzelnen Komponenten einer Koordinatenmeßanlage zu analysieren. Daraus ergaben sich die Schwerpunkte der anstehenden Entwicklungsaufgaben für ein Steuersystem.

Ausgehend von den bei Werkzeugmaschinen üblichen Verfahren zur Führungsgrößenerzeugung und Lageeinstellung wurden entsprechende Verfahren für den Einsatz von schaltenden und messenden Tastsystemen dargestellt. Im Mittelpunkt stehen dabei vom Prinzip der Bahnregelung abgeleitete Verfahren zum Scannen von Meßobjekten.

Aus den an Koordinatenmeßgeräten verwendeten Tastsystemen und ihrem Funktionsprinzip ergaben sich die Anforderungen für die Meßwerterfassung mit schaltenden Tastsystemen und für die Einstellung der verschiedenen Betriebszustände von messenden Tastsystemen. Für messende Tastsysteme ließ sich ein Verfahren zur Ansteuerung von Kraftgeneratoren entwickeln, welches für eine Steuerung der Antastkraft und für die Regelung der Taststiftauslenkung geeignet ist.

Für das zweiachsige Scannen konnte ein neues Verfahren zur Berechnung der Führungsgrößen aus Antastkoordinaten vorgestellt werden. Es gestattet eine genauere Berechnung der Vorzugsrichtung und ermöglicht eine On-line-Anpassung der Bahngeschwindigkeit an die Krümmung des Meßobjektes.

Anhand verschiedener Testbahnen sind die beim Scannen auftretenden Bahnabweichungen untersucht worden. Die dabei gewonnenen Ergebnisse wurden durch Simulation auf einem Digitalrechner und

durch Messungen mit einem Koordinatenmeßgerät bestätigt.
Am Beispiel eines realisierten Bausteinsystems zur Steuerung von Koordinatenmeßgeräten wurde die Implementierung der untersuchten und neu entwickelten Verfahren in einem Mehrprozessor-Steuersystem vorgestellt.

Schrifttum

/1/ Roth, T. Mehrkoordinatenmeßtechnik in der Feinwerktechnik. Feinwerktechnik und Meßtechnik 90 (1982) Nr. 1, S. 29 ... 30.

/2/ Salomon, P. Mehrkoordinatenmeßgeräte größerer Bauart mit Multicomputersystem zur Steuerung und Datenerfassung. VDI-Berichte 378, Düsseldorf: VDI Verlag, 1980.

/3/ Warnecke, H. J. Übersicht über den Entwicklungsstand von Mehrkoordinatenmeßgeräten. Vortragsband zur 8. IPA-Arbeitstagung, Stuttgart, 1977.

/4/ Bausteine der Zeiss CNC-Koordinatenmeßgeräte. Firmenschrift, Carl Zeiss, Oberkochen, 1981.

/5/ Weckenmann, A., Kampa, H. Koordinatenmeßgeräte, Gerätekonfiguration, Software, Auswahlkriterien. VDI-Z 125 (1983) Nr. 21.

/6/ Stute, G. Die Entwicklung der Steuerungstechnik unter dem Einfluß der Bauelemente. wt.-Z.ind.Fertig. 66 (1976) Nr.12, S. 683 ... 690.

/7/ Stute, G. Der Einfluß neuer Steuerungsentwicklungen auf die Fertigungstechnik. wt.-Z.ind.Fertig. 70 (1979) Nr. 4, S. 261 ... 271.

/8/ Stute, G., Klemm, P., Möller, H., Plasch, D., Spieth, U. — Verteilte Steuerungseinrichtungen für Fertigungssysteme (MPST-Mehrprozessor-Steuersysteme). Kfk-PDV 192, Karlsruhe: Kernforschungszentrum, 1980.

/9/ Koordinatenachsen und Bewegungsrichtungen für numerisch gesteuerte Arbeitsmaschinen. DIN 66217. Berlin, Köln: Beuth Verlag, 1975.

/10/ Haas, R. — Automatisches Messen von rotatorischen Werkstücken mit einem Koordinatenmeßgerät. Werkstatt und Betrieb 113 (1980) Nr. 11, S. 739 ... 741.

/11/ Engelberger, J. F. — Industrieroboter in der praktischen Anwendung. München, Wien: Carl Hanser Verlag, 1981.

/12/ Breyer, K. H. — Einsatzfähigkeit von Kugelkoordinaten-Meßgeräten in der Fertigungsmeßtechnik. München, Wien: Carl Hanser Verlag, 1984.

/13/ Hock, F. — Photoelektrische Messung der Änderung von Längen oder Winkelpositionen mit Hilfe von Beugungsgittern. Dissertation, Universität Stuttgart, 1976.

/14/ NC-Längenmeßsysteme. Firmenschrift, Dr. Johannes Heidenhain GmbH, Traunreut.

/15/ Koerth, D. Rationalisierung der Qualitätsprüfung durch Automatisierung von Auswertetätigkeiten beim Einsatz von Universalmeßmaschinen.
Dissertation, RWTH Aachen, 1977.

/16/ Schölling, H. Optimierung der Off-Line-Programmierung von CNC-Koordinatenmeßgeräten.
Dissertation, RWTH Aachen, 1982.

/17/ Programmaufbau für numerisch gesteuerte Arbeitsmaschinen.
DIN 66025.
Köln, Berlin: Beuth Verlag, 1972.

/18/ Wollersheim, H. R. Problemorientierte Programmiersprache N.C.M.E.S. mit Anwendungsbeispielen.
VDI-Berichte 3/8, Düsseldorf: VDI-Verlag, 1980.

/19/ Mießen, W., Schuon, J., Frank, H., Häberle, G. Teileorientierte Programmierung von CNC-Verzahnmaschinen.
wt.-Z.ind.Fertig. 74 (1984) Nr. 12, S. 725 ... 727.

/20/ Pflichtenheft der Steuerung eines Polar-Koordinatenmeßzentums.
Stuttgart: Institut für Steuerungstechnik, unveröffentlichtes Arbeitspapier, 1985.

/21/ Mehrprozessorsystem für Arbeitsmaschinen (MPST).
DIN 66264.
Berlin, Köln: Beuth Verlag, 1982.

/22/ VME-Bus Specification Manual.
Firmenschrift, Motorola Semiconductor Products Inc., 1982.

/23/ Multibus 2 Bus Architecture Specification Handbook.
Firmenschrift, Intel Corporation, Santa Clara, California, 1983.

/24/ SERIES 32000 DATABOOK.
Firmenschrift, National Semiconductor Corporation, 1985.

/25/ MC 68020 32-Bit Microprozessor User's Manual.
Firmenschrift, Motorola Inc., 1985.

/26/ Löbnitz, D. Untersuchung zur Form- und Lageprüfung mit Hilfe von Mehrkoordinatenmeßgeräten.
Dissertation, RWTH Aachen, 1980.

/27/ Wollersheim, H. R. Theorie und Lösung ausgewählter Probleme der Form- und Lageprüfung auf Koordinaten-Meßgeräten.
Dissertation, RWTH Aachen, 1984.

/28/ UMESS, Programmpaket für Zeiss Mehrkoordinaten-Meßmaschinen.
Firmenschrift, Carl Zeiss, Oberkochen, 1980.

/29/ Wirtz, A. Zur Maßbestimmung an formfehlerbehafteten Werkstücken.
Vortragsband zur 8. IPA-Arbeitstagung, Stuttgart, 1977.

/30/ Klemm, P. Strukturierung von flexiblen Bediensystemen für numerische Steuerungen. ISW 49. Berlin, Heidelberg, New York: Springer Verlag, 1984.

/31/ Stute, G. Regelung an Werkzeugmaschinen. München, Wien: Carl Hanser Verlag, 1981.

/32/ Binder, D. Interpolation in numerischen Bahnsteuerungen. ISW 24. Berlin, Heidelberg, New York: Springer Verlag, 1979.

/33/ Huan, J. Bahnregelung zur Bahnerzeugung an numerisch gesteuerten Werkzeugmaschinen. ISW 44. Berlin, Heidelberg, New York: Springer Verlag, 1982.

/34/ Augsten, G. Zweiachsige Nachformeinrichtungen. ISW 5. Berlin, Heidelberg, New York: Springer Verlag, 1972.

/35/ Pohl, F., Reindl, R. Klingenberg, Technisches Hilfsbuch. Berlin, Heidelberg, New York: Springer Verlag, 1960.

/36/ 3 Dimensional Touch Trigger Probes for Machining Centers & Lathes. Firmenschrift, Renishaw, Gloucestershire, 1981.

/37/ Kohler, P. Meßkopf für Meßeinrichtungen, Mehrkoordinatenmeßgeräte und Bearbeitungsmaschinen. Patentanmeldung P 3 135 495.5-52, vom 8.9. 1981.

/38/ Donat,H. Dynamische Meßwerterfassung und automatische Auswertung mit dem neuen Dreikoordinatenmeßgerät DRM 1-300DP aus Jena. Jenauer Rundschau (1978) Nr. 6, S. 288... 293.

/39/ Pfeifer, T., Bambach, M., Fürst, A. Ermittlung der Meßunsicherheit von 3-D-Tastsystemen mit Mehr-Koordinaten-Meßgeräten. Technisches Messen tm (1979) Nr. 2, S. 161 ... 169.

/40/ Herzog, K. Meß- und Tastsysteme bei Mehrkoordinaten-Meßgeräten. Vortragsband zur 8. IPA-Arbeitstagung, Stuttgart, 1977.

/41/ Janocha, H. Entwurf eines Meßtasters zur mehrdimensionalen dynamischen Abtastung räumlicher Konturen. Dissertation, TH Hannover, 1973.

/42/ Kochsiek, M., Kunzmann, H., Lüdiche, F. Entwicklung und Untersuchung eines induktiven Drei-Koordinaten-Wegaufnehmers. Feinwerktechnik und Meßtechnik 83 (1975) Nr. 51, S. 209 ... 213.

/43/ Hirschmann, K. H. Mehrkoordinatentaster mit geregelter Antastkraft. Patentanmeldung P 3 210 711.0, vom 24. 3. 1982.

/44/ Föllinger, O. Regelungstechnik. Heidelberg: Alfred Hüthig Verlag, 1984.

/45/ Weckenmann, A, Goch, G., Springborn, H.-D. Korrektur der Taststiftdurchbiegung bei Messungen mit Mehr-Koordinaten-Meßgeräten. Feinwerk- und Meßtechnik 87 (1979), S. 5 ... 9.

/46/ Breyer, K. H. Längenmeßunsicherheit. VDI-Berichte Nr. 378, Düsseldorf: VDI-Verlag, 1980, S. 21 ... 28.

/47/ Brüggemann, U. Beitrag zum Aufbau einer digitalen Nachformsteuerung. Dissertation, Universität Dortmund, 1983.

/48/ Späth, H. Spline-Algorithmen zur Konstruktion glatter Kurven und Flächen. München, Wien: R. Oldenbourg Verlag, 1973.

/49/ Becker, J., Dreyer, H., Hacke, W., Nabert, R. Numerische Mathematik für Ingenieure. Stuttgart: Teubner Verlag, 1977.

/50/ Genauigkeit von Koordinatenmeßgeräten. VDI/VDE 2617 (Entwurf). Düsseldorf, VDI-Verlag, 1983.

/51/ Bronstein, I., Semendjajew, K. Taschenbuch der Mathematik. Zürch, Frankfurt/Main: Harri Deutsch Verlag, 1973.

/52/ Ermittlung der Rauheitsmeßgrößen R_a, R_z, R_{max} mit elektrischen Tastschnittgeräten. DIN 4768. Berlin, Köln: Beuth Verlag, 1974.

/53/ Schmid, D. Numerische Bahnsteuerung. Beitrag zur Informationsverarbeitung und Lageregelung. ISW 1. Berlin, Heidelberg, New York: Springer Verlag, 1972.

/54/ Stof, P. Untersuchung von Möglichkeiten zur Reduzierung dynamischer Bahnabweichungen bei numerisch gesteuerten Werkzeugmaschinen. ISW 20. Berlin, Heidelberg, New York: Springer Verlag, 1978.

/55/ Kleiner, M. Rechnergestütztes Meßsystem zur Bestimmung lokaler Krümmungen. HGF-Kurzberichte (Loseblattsammlung) Bl, 8/85. Essen: Girardet Verlag, 1985.

/56/ Simulation mathematisch analysierbarer technischer Systeme (SIMAS). Stuttgart: Institut für Steuerungstechnik, unveröffentlichtes Benutzerhandbuch, 1983.

/57/ Stute, G. Grundgedanken von MPST. In: KfK-PDV 145, Karlsruhe: Kernforschungszentrum (1978), S. 16 ... 30.

/58/ Spieth, U. Numerische Steuersysteme, Hardwareaufbau und Ablaufsteuerung eines Mehrprozessorsteuersystems. ISW 40. Berlin, Heidelberg, New York: Springer Verlag, 1982.

/59/ Kohl, R., Schmatz, W., Storr, A., Wagner, E. Steuersystem für ein Koordinatenmeßgerät. wt-Z.ind.Fertig. 72 (1982) Nr. 5, S. 265 ... 268.

/60/ Modulares Steuersystem für die Fertigungstechnik.
Bausteinkatalog, Karlsruhe: Kernforschungszentrum Karlsruhe GmbH., 1984.

/61/ Schmeer, E., Schmatz, W. Entwicklung eines modular aufgebauten Mehrkoordinaten-Meßsystems mit Mikroprozessor-Bahnsteuerung.
Forschungsbericht BMFT-FB-T 84-158, Bonn: Bundesministerium für Forschung und Technologie, 1984.

/62/ Ein byteserielles bitparalleles Schnittstellensystem für programmierbare Meßgeräte.
DIN 625.
Berlin, Köln: Beuth Verlag, 1981.

/63/ Wagner, E. Steuerungsschnittstelle für Mehrkoordinatenmeßgeräte mit schaltenden und messenden Tastsystemen.
HGF-Kurzberichte (Loseblattsammlung) Blatt 84/31, Essen: Girardet Verlag, 1984.

/64/ Plasch, D. Geometriedatenverarbeitung in einem Mehrprozessorsteuersystem (MPST).
HGF-Kurzberichte (Loseblattsammlung) Blatt 78/84, Essen: Girardet Verlag, 1978.

/65/ Plasch, D. Numerische Steuersysteme. Standardisierte Schnittstellen in Mehrprozessorsteuersystemen.
ISW 46. Berlin, Heidelberg, New York: Springer Verlag, 1983.

/66/ Wagner, E. NS 32016-Computerboard ermöglicht den Einsatz von Echtzeitbetriebssystemen und Hochsprachen.
Markt und Technik (1985) Nr. 38, S. 108 ... 110.

ISW Forschung und Praxis

Berichte aus dem Institut für Steuerungstechnik der Werkzeugmaschinen und Fertigungseinrichtungen der Universität Stuttgart

Herausgegeben bis Band 57 von Prof. Dr.-Ing. G. Stute †
ab Band 58 von Prof. Dr.-Ing. G. Pritschow

ISW 1: D. Schmid, Numerische Bahnsteuerung, 89 S., 1972

ISW 2: H. Schwegler, Fräsbearbeitung gekrümmter Flächen, 111 S., 1972

ISW 3: J. Eisinger, Numerisch gesteuerte Mehrachsenfräsmaschinen, 90 S., 1972

ISW 4: R. Nann, Rechnersteuerung von Fertigungseinrichtungen, 125 S., 1972

ISW 5: G. Augsten, Zweiachsige Nachformeinrichtungen, 140 S., 1972

ISW 6: B. Karl, Die Automatisierung der Fertigungsvorbereitung durch NC-Programmierung, 121 S., 1972

ISW 7: H. Eitel, NC-Programmiersystem, 117 S., 1973

ISW 8: E. Knorr, Numerische Bahnsteuerung zur Erzeugung von Raumkurven auf rotationssymmetrischen Körpern, 131 S., 1973

ISW 9: S. Bumiller, Viskohydraulischer Vorschubantrieb, 123 S., 1974

ISW 10: K. Maier, Grenzregelung an Werkzeugmaschinen, 139 S., 1974

ISW 11: J. Waelkens, NC-Programmierung, 159 S., 1974

ISW 12: E. Bauer, Rechnerdirektsteuerung von Fertigungseinrichtungen, 138 S., 1975

IWS 13: H. König, Entwurf und Strukturtheorie von Steuerungen für Fertigungseinrichtungen, 206 S., 1976

ISW 14: H. Damsohn, Fünfachsiges NC-Fräsen, 143 S., 1976

ISW 15: H. Jetter, Programmierbare Steuerungen, 141 S., 1976

ISW 16: H. Henning, Fünfachsiges NC-Fräsen gekrümmter Flächen, 179 S., 1976

ISW 17: K. Boelke, Analyse und Beurteilung von Lagesteuerungen für numerisch gesteuerte Werkzeugmaschinen, 106 S., 1977

ISW 18: F.-R. Götz, Regelsystem mit Modellrückkopplung für variable Streckenverstärkung, 116 S., 1977

ISW 19: H. Tränkle, Auswirkungen der Fehler in den Positionen der Maschinenachsen beim fünfachsigen Fräsen, 103 S., 1977

ISW 20: P. Stof, Untersuchungen über die Reduzierung dynamischer Bahnabweichungen bei numerisch gesteuerten Werkzeugmaschinen, 118 S., 1978

ISW 21: R. Wilhelm, Planung und Auslegung des Materialflusses flexibler Fertigungssysteme, 158 S., 1978

ISW 22: N. Kappen, Entwicklung und Einsatz einer direkten digitalen Grenzregelung für eine Fräsmaschine mit CNC, 123 S., 1979

ISW 23: H. G. Klug, Integration automatisierter technischer Betriebsbereiche, 124 S., 197

ISW 24: D. Binder, Interpolation in numerischen Bahnsteuerungen, 132 S., 1979

ISW 25: O. Klingler, Steuerung spanender Werkzeugmaschinen mit Hilfe von Grenzregeleinrichtungen (ACC), 124 S., 1979

ISW 26: L. Schenke, Auslegung einer technologisch-geometrischen Grenzregelung für die Fräsbearbeitung, 113 S., 1979

ISW 27: H. Wörn, Numerische Steuersysteme-Aufbau und Schnittstellen eines Mehrprozessorsteuersystems, 141 S., 1979

ISW 28: P. B. Osofisan, Verbesserung des Datenflusses beim fünfachsigen NC-Fräsen, 104 S., 1979

ISW 29: J. Berner, Verknüpfung fertigungstechnischer NC-Programmiersysteme, 101 S., 1979

ISW 30: K.-H. Böbel, Rechnerunterstütze Auslegung von Vorschubantrieben, 113 S., 1979

ISW 31: W. Dreher, NC-gerechte Beschreibung von Werkstücken in fertigungstechnisch orientierten Programmiersystemen, 105 S., 1980

ISW 32: R. Schurr, Rechnerunterstützte Projektierung hydrostatischer Anlagen, 115 S., 1981

ISW 33: W. Sielaff, Fünfachsiges NC-Umfangsfräsen verwundener Regelflächen. Beitrag zur Technologie und Teileprogrammierung, 97 S., 1981

ISW 34: J. Hesselbach, Digitale Lageregelung an numerisch gesteuerten Fertigungseinrichtungen, 111 S., 1981

ISW 35: P. Fischer, Rechnerunterstützte Erstellung von Schaltplänen am Beispiel der automatischen Hydraulikplanzeichnung, 111 S., 1981

ISW 36: U. Ackermann, Rechnerunterstützte Auswahl elektrischer Antriebe für spanende Werkzeugmaschinen, 118 S., 1981

ISW 37: W. Döttling, Flexible Fertigungssysteme – Steuerung und Überwachung des Fertigungsablaufs, 105 S., 1981

ISW 38: J. Firnau, Flexible Fertigungssysteme – Entwicklung und Erprobung eines zentralen Steuersystems, 112 S., 1982

ISW 39: A. Herrscher, Flexible Fertigungssysteme – Entwurf und Realisierung prozeßnaher Steuerungsfunktionen, 103 S., 1982

ISW 40: U. Spieth, Numerische Steuersysteme – Hardwareaufbau und Ablaufsteuerung eines Mehrprozessorsteuersystems, 115 S., 1982.

ISW 41: A. Schimmele, Rechnerunterstützter Entwurf von Funktionssteuerungen für Fertigungseinrichtungen, 106 S., 1982

ISW 42: M. Sanzenbacher, NC-gerechte Beschreibung von Werkstücken mit gekrümmten Flächen, 105 S., 1982.

ISW 43: W. Walter, Interaktive NC-Programmierung von Werkstücken mit gekrümmten Flächen, 112 S., 1982.

ISW 44: J. Huan, Bahnregelung zur Bahnerzeugung an numerisch gesteuerten Werkzeugmaschinen, 95 S., 1982.

ISW 45: H. Erne, Taktile Sensorführung für Handhabungseinrichtungen – Systematik und Auslegung der Steuerungen, 111 S., 1982.

ISW 46: D. Plasch, Numerische Steuersysteme – Standardisierte Softwareschnittstellen in Mehrprozessor-Steuersystemen, 112 S., 1983

ISW 47: Z. L. Wang, NC-Programmierung – Maschinennaher Einsatz von fertigungstechnisch orientierten Programmiersystemen, 103 S., 1983

ISW 48: J. Schwager, Diagnose steuerungsexterner Fehler an Fertigungseinrichtungen, 121 S., 1983

ISW 49: P. Klemm, Strukturierung von flexiblen Bediensystemen für numerische Steuerungen, 113 S., 1984

ISW 50: W. Runge, Simulation des dynamischen Verhaltens elektrohydraulischer Schaltungen – Einsatz von geräteorientierten, universellen Simulationsbausteinen, 132 S., 1984

ISW 51: H. Steinhilber, Planung und Realisierung von Werkzeugversorgungssystemen für die NC-Bearbeitung, 126 S., 1984

ISW 52: R. Ohnheiser, Integrierte Erstellung numerischer Steuerdaten für flexible Fertigungssysteme, 115 S., 1984

ISW 53: M. Keppeler, Führungsgrößenerzeugung für numerisch bahngesteuerte Industrieroboter, 125 S., 1984

ISW 54: P. Kohler, Automatisiertes Messen mit NC-Werkzeugmaschinen, 129 S., 1985

ISW 55: K.-H. Rieger, Rechnerunterstützte Projektierung der Hardware und Software von speicherprogrammierten Steuerungen, 123 S., 1985

ISW 56: G. Vogt, Digitale Regelung von Asynchronmotoren für numerisch gesteuerte Fertigungseinrichtungen, 126 S., 1985

ISW 57: S. Chmielnicki, Flexible Fertigungssysteme – Simulation der Prozesse als Hilfsmittel zur Planung und zum Test von Steuerprogrammen, 120 S., 1985

ISW 58: W. Renn, Struktur und Aufbau prozeßnaher Steuergeräte zur Verkettung in flexiblen Fertigungssystemen, 137 S., 1986

ISW 59: K. Harig, Quantisierung im Lageregelkreis numerisch gesteuerter Fertigungseinrichtungen, 113 S., 1986

ISW 60: H. Frank, Programmier- und Überwachungsfunktionen für teileartbezogene NC-Werkzeugmaschinen, 115 S., 1986

ISW 61: H. Möller, Integrierte Überwachungs- und Diagnose-Systeme für numerische Steuerungen, 131 S., 1986

ISW 62: H. Fink, Einsatz speicherprogrammierbarer Steuerungen in der Fertigungstechnik, 126 S., 1986

ISW 63: J. Fleckenstein, Zustandsgraphen für SPS – Grafikunterstützte Programmierung und steuerungsunabhängige Darstellung, 139 S., 1987

ISW 64: E. Wagner, Steuerung von Koordinatenmeßgeräten mit schaltenden und messenden Tastsystemen, 133 S., 1987

ISW 65: W. Grimm, Diagnosesystem für steuerungsperiphere Fehler an Fertigungseinrichtungen, 143 S., 1987

Die Bände ISW 1 bis ISW 48 sind vergriffen.

Springer-Verlag
Berlin Heidelberg New York Tokyo